AF586270

DU
PHYLLOXERA
ET D'UN
EMPLOI DES INSECTICIDES

Annales du Comice viticole & agricole de Saint-Emilion
(Gironde.)

DU PHYLLOXERA

ET

D'un nouveau mode d'emploi des Insecticides

PAR

M. E. FALIÈRES

MEMBRE DU COMICE DE SAINT-ÉMILION.

BORDEAUX
IMPRIMERIE NOUVELLE A. BELLIER
16, Rue Cabirol, 16

1874

Annales du Comice viticole &agricole de Saint-Emilion (Gironde).

DU PHYLLOXERA ET D'un nouveau mode d'emploi des Insecticides

PAR

M. E. FALIÈRES
Membre du Comice de Saint-Emilion.

Le dimanche 1er février 1874, le Comice viticole et agricole de Saint-Emilion avait été convoqué à une réunion extraordinaire qui devait avoir lieu à l'occasion d'un Concours de taille de vignes, dans la commune de Montagne, canton de Lussac, au château des Tours, appartenant à M. Charles Azevédo, membre du Comice.

A deux heures, la séance a été ouverte sous la présidence de M. Ducarpe, Junior, président du Comice, et après la lecture du procès-verbal de la dernière réunion, M. Paul Boisard, secrétaire général, a donné communication de la lettre suivante, adressée aux membres du Comice, par Monsieur E. Falières, de Libourne.

A Messieurs les membres du Comice viticole de Saint-Emilion

Messieurs,

Suivant le désir exprimé par quelques-uns d'entre vous, j'ai déposé dans le Mémoire que j'ai l'honneur de vous adresser les résultats de quelques mois de méditations et d'études sur la question pratique du Phylloxera.

Mon premier dessein était simplement d'indiquer en quelques pages rapides les avantages d'un nouveau mode d'emploi des insecticides répandus à la volée sur le sol.

Je n'ai pas tardé à reconnaître qu'un cadre plus général et plus large servirait mieux sans doute les intérêts de la viticulture dans notre arrondissement.

Au cours de mes recherches, j'ai été amené à constater fréquemment le peu d'étendue des connaissances des agriculteurs, même les plus instruits, relativement aux méthodes, aux systèmes, aux agents de guérison des vignes qui ont été proposés depuis quelques années. D'ailleurs, il n'en peut pas être autrement. Il n'existe aucune publication périodique tenant régulièrement le public au courant des expériences faites et de la manière dont elles ont été conduites. Ce qui a manqué surtout, ce sont des analyses d'ensemble, groupant les faits, énumérant les substances et rattachant leur mode d'emploi à des classifications méthodiques.

Pour ma part, j'ai éprouvé durement les inconvénients d'une telle lacune. Pour arriver à me faire une idée assez nette des divers systèmes que détermine la nature et l'usage d'une foule de procédés, j'ai dû dépouiller un grand nombre de documents rassemblés avec peine. Les renseignements que je cherchais se trouvaient noyés, perdus dans des journaux, dans des revues, dans des recueils spéciaux, au milieu de détails étrangers à mon plan ; de plus, ils sont souvent confus et contradictoires ; presque toujours, ils laissent dans l'esprit une certaine incertitude relativement au mode opératoire qui a été suivi.

Cette absence d'une source sûre où l'on puisse puiser des notions suffisantes sur les essais de guérison de la maladie caractérisée par le Phylloxera est, à mon avis, une des causes qui entravent le plus la solution du problème. Avant de se livrer à des recherches longues et toujours difficiles, le travailleur a besoin de savoir si d'autres avant lui n'ont pas poursuivi le même but par des moyens semblables à ceux qu'il médite. L'ignorance où il se trouve, et dont il ne peut sortir que par les plus laborieux efforts, le décourage à l'avance ; il reste inactif.

Un autre inconvénient résultant de cette absence de publication spéciale, c'est la reproduction par la voie de la presse quotidienne de moyens que l'expérience a déjà condamnés. Tous les jours, et de très bonne foi, des auteurs recommandent comme nouveaux des procédés jugés depuis longtemps insuffisants ou nuisibles.

Dans un travail qui, je l'espère, sera livré à la publicité, rien ne paraissait plus utile qu'une semblable revue critique.

L'insecte, ses ravages, ses modes de propagation, son rôle dans la maladie nouvelle, devaient être également décrits dans un langage dépouillé, autant que possible, des expressions techniques peu familières au plus grand nombre. La guérison des vignes malades, ou tout au moins la préservation des vignes saines, formant le fond des préoccupations du propriétaire, il fallait sans hésiter sacrifier tous les détails ne se rapportant pas directement à cet objet.

Vulgariser dans un langage simple, à la portée de tous, des notions générales sur une question vitale pour notre arrondissement, indiquer les côtés rationnels par lesquels on peut aborder le problème du salut de la viticulture, tel a été mon but en écrivant ces pages.

Je n'ai pas la prétention d'avoir fait une œuvre irréprochable ; j'espère toutefois qu'il me sera tenu compte de ma bonne volonté.

Et surtout, je ne voudrais pas qu'on se méprît sur ma pensée intime relativement au nouveau mode d'emploi des insecticides que je recommande. Je le crois logique ; il me paraît satisfaire suffisamment aux conditions complexes qu'il s'agit de remplir. Mais après tant de déceptions il faut savoir se garder de trop grandes illusions. Les systèmes les mieux étudiés succombent quelquefois à la grande pratique, à la pratique agricole surtout. Ces réserves n'indiquent nullement chez moi un ébranlement de conviction ; mais je dois les faire, pour empêcher au début de trop grands entraînements que je serais le premier à regretter si de vastes expériences n'aboutissaient qu'à l'insuccès.

Veuillez agréer, Messieurs, l'hommage de mes sentiments respectueux.

E. FALIÈRES.

Après cette communication, M. le Président a proposé à l'Assemblée de nommer une Commission chargée de lui faire un rapport sur le mémoire de de M. Falières, mais, à l'unanimité, l'Assemblée a demandé que M. Falières ; présent à la réunion, fit immédiatemeut lecture de son travail ; et à l'instant l'auteur a pris place au bureau, et M. le Président lui a donné la parole.

I

DU PHYLLOXERA

SES MODES DE PROPAGATION, SON RÔLE DANS LA MALADIE NOUVELLE

Dans une communication faite en 1867 à l'Académie des sciences, MM. Bazille, Planchon et Sahut annonçaient qu'une nouvelle maladie menaçait de détruire les vignobles des départements riverains du Rhône et de Vaucluse. Cette maladie, plus funeste que l'oïdium et qu'on nommait à ce moment *étisie*, parce qu'elle a pour signe extérieur l'amaigrissement des ceps et qu'elle entraîne rapidement la perte des pieds envahis, étendait ses ravages aux environs d'Orange, de Châteauneuf, de Graveson, de Saint-Martin de la Crau, près d'Arles, et de la Camargue.

La marche de la maladie avait été constatée d'une façon non douteuse dès 1865.

Les symptômes de l'étisie de la vigne peuvent se résumer ainsi : un champ qu'elle a envahi présente un *faciès* spécial qu'il est impossible de méconnaître, surtout au moment où la vigne en pleine végétation commence à couvrir le sol de ses longs rameaux. Au centre de l'espace attaqué, on voit, dès le mois de mai ou de juin, des ceps vigoureux et luxuriants l'année précédente qui sont saisis tout à coup d'un arrêt complet de végétation. Un certain jaunissement ou une rubéfaction anormale des feuilles fait tache au milieu de la nuance vert-foncé du restant du vignoble. Les feuilles primaires, celles des sarments principaux, se flétrissent et tombent vers la fin de juillet, d'août ou de septembre. Les pousses secondaires et latérales semblent vouloir faire effort, mais elles se rabougrissent à leur tour. L'hiver interrompt cette végétation languissante, et la saison suivante ne trouvant que des bourgeons amaigris, voit dépérir jusqu'à la mort le corps entier de la souche.

Quant au caractère contagieux, il est mis en évidence par l'extension graduelle de la maladie ; car on la voit rayonner autour des foyers d'invasion, ou suivre une marche à peu près parallèle à partir des premières rangées de souches attaquées. Cet agrandissement progressif de la maladie, comparable, suivant la pittoresque expression de M. Gaston Bazille, à l'extension d'une tache d'huile, constitue un signe tout à fait caractéristique.

Voilà pour l'aspect extérieur.

Si on déterre soigneusement des racines de vignes déjà très malades, on ne trouve presque plus trace de chevelu ; les plus grosses racines, encore saines sur quelques points, se laissent dépouiller de leur écorce noirâtre et cariée, sous la simple pression des doigts. Les racines adventives qui se développent çà et là, au lieu de présenter comme à l'ordinaire des fils filiformes et cylindriques, se renflent d'espace en espace en nodosités irrégulières. La pourriture commence toujours par les radicelles, par le chevelu ; elle attaque plus tard les grosses racines, et finit à la longue par remonter jusqu'au tronc, qui ne tarde pas alors à se dessécher et à périr.

En examinant attentivement une racine malade, M. Planchon, professeur à la Faculté des sciences et directeur de l'Ecole de pharmacie de Montpellier, découvrit des amas ou des traînées de corpuscules jaunâtres qui se révélèrent à la loupe comme des insectes. Ces animaux sont là, à tous les degrés de leur évolution estivale, depuis l'œuf jusqu'à la mère adulte entourée de sa nombreuse progéniture Dès qu'il eut déterminé le rang de cet insecte dans l'échelle zoologique, M. Planchon lui donna le nom de *Phylloxera vastatrix*, qui lui est resté.

Lorsque le puceron a été découvert, il a été constaté que dès qu'une radicelle était pourrie, cet insecte l'abandonnait pour passer sur une radicelle jeune et l'envahir à son tour. Aussi l'insecte ne se trouve-t-il plus sur les ceps morts ; sur les ceps mourants, on n'en trouve qu'un petit nombre, et d'autant moins qu'ils approchent davantage de leur fin. C'est sur les pieds les plus vigoureux, au voisinage des ceps morts ou mourants, qu'on les trouve en abondance. Au delà d'un certain rayon autour des foyers d'invasion, il n'existe plus que des ceps intacts.

Il n'entre pas dans le cadre de ce travail de décrire minutieusement l'insecte qui a fait tant de bruit et tant de mal. MM. Planchon, Lichtenstein, Dr O. Riley, Max. Cornu et d'autres savants ont publié sur ce sujet des travaux qu'ont suivis et consultés non-seulement tous les hommes qui, par goût, s'intéressent à la science entomologique, mais encore les agriculteurs et les esprits élevés, dont la prévoyante perspicacité mesure avec effroi les dangers du redoutable fléau tombé sur nos vignobles. Je me bornerai à prendre, dans ce qu'on sait des mœurs, des habitudes, du mode de génération et de propagation du Phylloxera, la partie véritablement utile au plus grand nombre ; je n'envisagerai que le point de vue pratique qui, dans l'état présent, permet d'édifier contre les attaques de l'insecte un système de défense raisonnable.

Dominés par l'intérêt, exclusivement et à juste titre préoccupés des conséquences prochaines de leur ruine, la plupart des viticulteurs n'attachent qu'une attention distraite, et pour le dire franchement, n'accordent qu'une médiocre sympathie à des recherches d'un ordre élevé ne se traduisant pas immédiatement en une formule de guérison ou de préservation. Certes, l'injustice est évidente ; car, pour qui connaît l'histoire des découvertes les plus utiles à l'humanité, il n'est pas douteux que toutes, avant de descendre dans le champ de l'application, avaient été préparées par un travail théorique ignoré des foules. Et si une portion des classes éclairées pense si peu équitablement à ce sujet, quelles ne sont pas les préventions, les erreurs de ceux que l'ignorance au moins rend excusables ? Les amis et les pratiquants de la science ont, eux, la ferme confiance que, dans la lutte entreprise contre le fléau, c'est la science élevée qui apportera le salut définitif. Telle condition biologique, tout d'un coup découverte et qui pour un esprit vulgaire serait sans conséquence, peut devenir le point de départ d'une destruction en masse de l'insecte ravageur.

Quelle témérité y a-t-il à espérer que, comme la pyrale de la vigne, le Phylloxera se laissera surprendre par quelque côté le rendant accessible à la main même de l'homme?

Le *Phylloxera vastatrix* appartient à l'ordre des hémip tères et au sous-ordre des homoptères. Il se propage par des œufs. On l'a observé sous trois états différents :

1° *A l'état jeune.* — Il est alors très petit, de couleur jaunâtre et difficile à apercevoir à l'œil nu pour un observateur peu habitué à ce genre de recherche. Son volume augmente au fur et à mesure qu'il parvient à l'état adulte. Il est caractérisé par trois paires de pattes, deux antennes courtes et un suçoir assez ressemblant à celui de la cigale.

2° *A l'état de larve* aptère ou sans ailes. — Il est alors plus gros, plus allongé et d'un jaune plus vif. A cet état, il a environ 3/4 de millimètre de longueur et un peu plus de 1/2 millimètre de largeur, et dans le langage courant il porte fréquemment le nom de mère pondeuse.

On donne le nom de nymphe chez les hémiptères à l'état transitoire des individus qui, de la forme de larve aptère ci-dessus désignée, passent à l'état d'insecte ailé ou parfait. Toujours peu nombreuses par rapport aux myriades d'insectes aptères, elles s'en distinguent par leur corselet plus séparé de l'abdomen et par de petits appendices triangulaires qui constituent les fourreaux d'ailes.

3° *A l'état de l'insecte parfait.* — Il est alors pourvu d'ailes et n'a guère qu'un millimètre de long. Quand il vole dans l'air, il échappe aux regards. Son vol est d'ailleurs très faible ; c'est le vent qui, presque toujours, le transporte à de grandes distances.

Comme beaucoup d'Aphidiens, le Phylloxera se reproduit sans fécondation préalable, par des œufs qui arrivent rapidement à éclosion.

Le Phylloxera a donc deux existences, l'une aérienne et l'autre souterraine.

Comme la plupart des insectes, il passe l'hiver dans l'immobilité. Il se fixe, pour hiberner, le plus souvent sur les racines, quelquefois dans les fissures d'une pelote de terre profondément enfouie. Au premier printemps il se réveille, éprouve une mue et apparaît alors sous la forme d'un insecte mou, jaune clair, qui se fixe sur la racine de la vigne, où il enfonce le dard dont sa trompe est munie. Il y grossit et commence à pondre. Bientôt il se trouve entouré d'œufs et de petits qui en éclosent.

Au sortir de l'œuf au premier printemps, l'animal a des instincts voyageurs, vagabonds ; il est très agile, mais il ne tarde pas à s'attacher à son tour à quelque racine où il grossit et pond des œufs féconds. Les générations succèdent ainsi aux générations, donnant naissance en très peu de temps à des nombres fantastiques d'insectes qui accomplissent sur les racines de la vigne leur œuvre de destruction et de mort.

On admet aujourd'hui que la dissémination du puceron s'effectue par trois grandes voies principales.

Il est hors de doute que les Phylloxeras ailés, organisés pour vivre autrement que sous terre, trouvent leur voie en dehors en suivant les fissures du sol, les sillons des divisions des racines ou le pivot même de la souche. Quelle est la voie qu'ils préfèrent ? D'après ce que j'ai lu sur ce point spécial, je pense qu'il serait fort difficile de se prononcer. M Duclaux me paraît avoir parfaitement raison quand il dit que ces émissaires de destruction ne suivent pas la règle inflexible à laquelle certains observateurs prétendraient les assujettir ; ils vont, faisant ce que leur commandent les circonstances et l'état du sol où ils se trouvent.

L'émigration accomplie de dedans en dehors, l'insecte ailé franchit de courtes distances à l'aide de ses ailes, et pour les grandes distances se laisse emporter par les vents.

Quelques savants même pensent que le vent est le seul agent de sa dispersion, et que ses ailes servent uniquement à le supporter dans l'air quand le vent l'emporte.

Quoi qu'il en soit, c'est là la forme la plus dangereuse de propagation, les insectes ailés allant former à des distances souvent considérables des foyers d'avant-garde qui, s'étendant graduellement en largeur et en profondeur, arrivent à se confondre avec la colonie primitive.

Une opinion également fort accréditée admet que la forme

ailée n'est pas la seule qui puisse être emportée par le vent : les individus aptères, lorsqu'ils marchent sur le sol, pourraient bien être soulevés par des vents violents; mais, comme l'observe M. Planchon, ce n'est là qu'une pure hypothèse, tandis que le transport de l'insecte ailé dans l'air est, dans une certaine mesure, prouvé par ce fait que l'insecte se rencontre assez fréquemment dans les vignes, englué dans des toiles d'araignée.

Quant à la dissémination de l'insecte aptère de proche en proche, elle a donné lieu à deux interprétations différentes.

Certains veulent que l'insecte circule exclusivement sous le sol, d'une racine qu'il a épuisée à une racine vigoureuse. A l'appui de leur opinion, ils disent qu'il est impossible qu'un animal que l'on rencontre à de grandes profondeurs n'ait pas le moyen de se frayer un chemin qui n'est pas plus difficile, qu'il s'agisse pour lui de se transporter horizontalement ou à peu près de pied à pied, ou de monter à la surface pour regagner de nouveau, par le collet d'un pied voisin, les profondeurs du sol. Un argument qui donne raison, au moins en certains cas, à la circulation souterraine du puceron, est tiré de ce fait que souvent, dans les vignobles dont les rangs sont très espacés, c'est toute une longue rangée de ceps sur une seule ligne qui est atteinte; si l'émigration se faisait par la surface du sol, toutes les directions étant faciles et ayant les mêmes chances d'être suivies, on ne s'expliquerait pas cette persistance de l'animal à adopter une longue ligne droite.

Le Phylloxera remonte-t-il quelquefois à la surface pour passer d'un point à l'autre ? La circulation superficielle de l'insecte ne peut plus être contestée depuis les observations importantes faites en 1869 et en 1872 par M. Faucon (1).

L'opinion la plus sage consiste, à mon avis, à admettre qu'il n'y a pas de mode absolu de dissémination de l'insecte

(1) Le 5 août 1869 j'ai vérifié un fait dont je me doutais depuis longtemps, à savoir que le puceron, pour arriver aux racines des vignes, pouvait très bien passer par les crevasses de la terre comme par des portes ouvertes. Je postai mes neveux à l'endroit où les souches épuisées finissaient et où commençaient les souches saines. Après quelques minutes d'observation, ces jeunes gens virent très distinctement des groupes de pucerons aptères marchant sur la terre et suivant la direc-

privé d'ailes ; elle se fait par circulation souterraine ou superficielle, suivant l'état du sol et les facilités que rencontre l'animal dans ses pérégrinations à la recherche d'une nourriture nouvelle.

Dans la troisième partie de ce travail, je proposerai un nouveau mode d'emploi des insecticides pour la destruction du Phylloxera, ou tout au moins pour la préservation des vignes saines. Il est évident que la méthode n'aurait aucune raison d'exister, s'il était vrai, comme le pense un nombre malheureusement trop grand d'agriculteurs, que le parasitisme nouveau, loin de constituer la cause directe de la mort des ceps, n'en est, au contraire, que la conséquence, l'effet, qu'un phénomène consécutif d'une maladie plus profonde. Je crois donc nécessaire de passer en revue les arguments et les faits que s'opposent, d'une part, ceux qui regardent l'insecte comme l'agent direct et primordial de la maladie, et d'autre part, ceux qui ne veulent voir en lui qu'un symptôme, qu'une manifestation accessoire. Il serait bien désirable que, par un examen sévère du sujet le plus grave qui puisse les occuper, tous les propriétaires de vignobles voulussent bien se faire eux-mêmes, et en dehors de tout parti pris, de toute idée préconçue, une conviction raisonnée.

Des hommes que leur intelligence et leur situation mettraient si bien à même d'étudier, ne fût-ce que dans les livres, le redoutable fléau qui les menace, restent plongés dans une sorte de fatalisme aveugle qui semble les rendre insensibles à ce qui se passe autour d'eux. L'ennemi est à leurs portes, ils le connaissent à peine, ou ils professent sur son compte des opinions qu'un peu de réflexion et d'étude détruirait bien vite.

Pour ma part, je tâcherai de résumer en toute liberté d'esprit l'une et l'autre doctrine, et sans affaiblir volontai-

tion que j'avais prévue, c'est-à-dire allant des souches épuisées vers les souches saines. Ils les suivirent avec attention, et ils les virent entrer sans la moindre hésitation et se perdre dans les profondeurs d'une crevasse qui se trouvait à une faible distance, c'est-à-dire à 25 ou 30 centimètres d'une souche saine.

E. Faucon

(Suit une observation analogue faite le 4 Septembre 1872.)

rement aucun argument. Si je considère la théorie botanique comme impuissante à rendre suffisamment compte des faits dont nous sommes les témoins, je ne la crois pas cependant si dénuée de sens qu'on veut bien dire. Les observations qu'elle présente sont vraies dans une large mesure ; les changements culturaux qu'elle indique seront adoptés, un peu plus tôt un peu plus tard, quand de cruelles expériences imposeront leur nécessité ; la conciliation, impossible maintenant au feu de la bataille, se fera dans l'avenir sur un terrain où tous trouveront le triomphe de leurs idées.

Dès les premières années de l'invasion de la nouvelle maladie dans le midi de la France, M. Planchon et d'autres savants ou agriculteurs n'hésitèrent pas à attribuer uniquement au Phylloxera la cause des ravages constatés. Pour ces observateurs, l'action directement nuisible de l'insecte était évidente. Cette opinion rencontra de nombreux contradicteurs, à la tête desquels figurent pour une bonne part les représentants les plus autorisés des sciences botanique et entomologique.

Ainsi, d'après M. Guérin-Menneville, cette nouvelle forme de la maladie de la vigne est une suite naturelle de celle qui a produit l'oïdium. Suivant lui, tous ces parasites, animaux et végétaux, arrivent toujours pour hâter la fin des êtres chez lesquels l'harmonie des fonctions vitales est rompu pour des causes météorologiques ou autres.

Toutefois, il ajoute qu'il est bon de chercher des moyens d'enlever ces parasites, d'arrêter leur développement ; car, d'abord produits pathologiques, ils deviennent bientôt une cause active d'aggravation du mal, et par leur immense multiplication, ils rendent le plus souvent toute réaction favorable impossible. C'est en dérangeant les évolutions de l'oïdium au moyen du soufre ou d'autres agents qu'on est parvenu le plus souvent, sinon à guérir la vigne, du moins à sauver les récoltes.

Un des savants botanistes de l'Académie des sciences, M. Naudin, directeur des serres du Jardin-des-Plantes, partage les idées de M. Menneville. Il rappelle d'abord que les plantes assujetties à la culture ne sont jamais exactement dans leurs conditions naturelles. On les fait vivre dans un état forcé qui, à la longue, modifie leur vitalité et les prédispose à des altérations qu'elles n'éprouveraient pas sans cela. Or, s'il est une plante que nous ayons éloignée de ses conditions naturelles, c'est surtout la vigne. Nous maintenons continuellement dans le même sol échauffé et desséché, sans alternance, souvent sans engrais, à l'état de cep rabougri par une taille violente, un végétal étranger à nos climats, que la nature destinait à grimper contre de grands arbres, à vivre au milieu de puissants massifs de végétaux en absorbant un humus sans cesse renouvelé par des détritus de feuilles et de brindilles.

Combien est différent le milieu dans lequel nous tenons la vigne ! Forcément rabougrie par une taille périodiquement répétée, elle occupe seule le terrain pendant une longue série d'années. Plantés par rang serrés, soigneusement expurgés de plantes annuelles ou bisannuelles, les ceps se disputent le peu de substance organique que contient un sol appauvri, et ce sol, fréquemment remué, s'échauffe et se dessèche rapidement sous les rayons du soleil.

Sans doute, ce sont là des conditions obligées de la culture productive ; mais il n'en est pas moins vrai que, quelque robuste et vivace qu'on la suppose, la vigne ne peut manquer de ressentir les effets d'un état de choses si peu conforme à ses besoins et à ses tendances naturelles, et, en fin de compte, de donner prise aux maladies et aux invasions parasitiques.

C'est la culture qui est la première cause du mal.

Telle est, exprimée avec force, l'opinion botanique qui considère les deux fléaux de la vigne, l'oïdium et le phylloxera comme nés d'une cause commune : les excès de la culture intensive continuée depuis des siècles sans modification aucune.

Il est fort possible, ajoute M. Naudin, que le mode de culture usité et qui est toujours le même, la plantation de sarments et jamais le semis de graines, ait contribué dans une large mesure à la propagation du mal. En ce qui touche l'oïdium notamment, bon nombre de botanistes, et des plus distingués, pensent que la constitution même de l'arbuste est atteinte, et que le soufre n'y remédie pas.

M. Naudin propose de remettre momentanément les vignobles dans des conditions plus naturelles, en les couvrant, pendant quelques années, soit de légumineuses (trèfle, luzerne, sainfoin, vesce), soit de crucifères (colza, navette, moutarde, radis sauvage), ces dernières, enfouies à propos, devant en outre agir sur les parasites par leurs sucs âcres et vireux.

On le voit, après des réflexions fort justes sur les mauvaises conditions qu'a faites à la vigne une culture exclusive, le savant botaniste finit par convenir que le plus pressé est de faire disparaître les insectes à l'aide de sucs âcres et vireux, c'est-à-dire d'insecticides. Mais je montrerai plus loin qu'il ne faut pas compter sur l'action toxique de produits purement végétaux.

Le Dr Signoret, unanimement reconnu comme un des entomologistes les plus instruits que possède la France pour les insectes hemiptères, se range à l'opinion de M. Naudin et de M. Guérin-Menneville. Comme eux, il pense que la maladie a une cause botanique et non entomologique; mais il est bien loin de contester le tort qu'un nombre immense d'insectes suceurs cause à la plante déjà affaiblie par le mal.

Il est impossible de passer sous silence les arguments invoqués par deux de nos compatriotes, M. Laliman et M. Trimoulet, dont les écrits et les travaux ont exercé une influence considérable dans la Gironde sur la formation des opinions favorables à la thèse botanique.

M. Trimoulet soutient d'abord que le Phylloxera a toujours existé dans les vignes à l'état rare, latent, pour ainsi dire. Il y vivait sans lui faire de tort, ce qui est très facile à expliquer : les racines de la vigne étant très dures, la nourriture manquait souvent aux jeunes pucerons, qui périssaient en grande quantité ; la fécondité des mères pondeuses étant également fort restreinte, l'animal a vécu pendant des siècles dans sa demeure souterraine, ne causant aucun dommage à nos vignobles.

Le Phylloxera et l'oïdium sont les effets de la même

maladie. Dans le principe, on a attaqué avec acharnement l'oïdium, premier effet de cette maladie, au lieu de s'attaquer à la cause. Qu'a-t-on obtenu ? un changement de l'effet. Au lieu d'un cryptogame, on a aujourd'hui un puceron; et si on parvenait à détruire le puceron, il ne tarderait pas à paraître un autre ennemi, plante ou animal, qui serait l'effet troisième d'une même maladie.

D'ailleurs, le Phylloxera n'est pas d'origine américaine. En Europe, il tue la vigne; en Amérique, il ne lui cause aucun dommage. De plus, la manière de vivre des Phylloxères d'Europe et d'Amérique est complétement différente; ici, ils vivent constamment sur les racines, l'insecte des feuilles étant inconnu ou au moins très rare; là-bas, ils vivent sur les feuilles et habitent des galles. Les uns sont radicicoles, les autres sont gallicoles.

M. Laliman, lui, attribue au Phylloxera une origine anglaise; il soutient qu'il n'est pas et ne peut pas être d'importation américaine. A l'appui de son opinion, il cite des faits dont il serait puéril de contester la valeur. Ainsi, M. Tourrès, à Marchettaux (Lot-et-Garonne); M. de Vivie, à Montastruc, ont fait venir d'Amérique, depuis 1825, des vignes exotiques. Voilà donc cinquante-sept ans qu'on les cultive en France, et pas une parcelle de leur vignoble, pas un terrain du Lot-et-Garonne ne sont attaqués.

Le Jardin-Public de Bordeaux en a reçu directement d'Amérique, il y a sept à huit ans, et pas une parcelle de cet enclos n'est contaminé. M. Bouchereau, à Carbonieux, cultive ces vignes depuis plus de trente ans: pas un cep n'est attaqué.

Le marquis Rudolfi, près de Florence, a fait, depuis plus de quinze ans, des plantations immenses de vignes américaines. Il déclare qu'il ignore ce que c'est que le puceron appelé Phylloxera; ni lui ni aucun de ses voisins n'ont la maladie.

Au surplus, ajoute M. Laliman, l'épidémie viticole actuelle s'est exercée en Europe en d'autres temps et en d'autres lieux; car le président du comice de Lunel, l'un des hommes les plus intelligents du Midi, dit « que le Phylloxera est d'origine européenne; que, de 1730 à 1780,

» c'est-à-dire pendant cinquante ans, il a fait des siennes » en Autriche, en Moravie, en Allemagne, et il appuie son » dire historiquement. »

Voyons maintenant quel est le langage de l'école opposée. Et d'abord, elle soutient fermement que le Phylloxèra a été récemment importé d'Amérique. Elle voit la preuve de cette origine dans l'identité absolue des deux insectes américain et européen. Sur ce point, aucune hésitation n'est possible; affirmée par le docteur Riley à l'époque de son voyage en France, l'identité de l'insecte d'Europe et de celui d'Amérique vient d'être affirmée avec la plus grande énergie par M. Planchon dans le rapport sommaire qu'il a adressé à M. le ministre de l'agriculture sur sa mission en Amérique. Etudié sous tous ses états, sous toutes ses formes, sur les vignes d'Amérique sauvages et cultivées, l'insecte américain est absolument le nôtre.

L'apparition du Phylloxera a eu lieu juste sur les points où l'on a planté des cépages américains (enclos de M. Laliman à Bordeaux ; pépinière des frères Audebert à Tarascon ; vigne de Gouvinhas, près d'Oporto en Portugal ; collection de cépages américains à Klosterneuburg en Autriche).

D'ailleurs quoi de moins rare que ces exemples d'importations funestes? On dit que le Phylloxera a toujours existé; certainement oui, il a toujours existé quelque part, mais pas nécessairement en Europe. Tous les jours on constate des échanges d'insectes malfaisants qui passent d'un hémisphère à l'autre. Les espèces qui s'attaquent aux bois ouvrés, aux grains, aux lainages, aux peaux, sont devenues cosmo polites. Des pucerons, des cochenilles exotiques n'ayant jamais été vus en France, et même des fourmis plus agiles, mieux armées que les nôtres, s'établissent dans les serres depuis quelques années. Un diptère qui a longtemps existé en Europe et qu'on y trouve aujourd'hui fort difficilement, le *Cecidomya destructor*, ravage les blés aux Etats-Unis. Il porte en Amérique le nom de *mouche de Hesse*, l'espèce ayant été introduite, au siècle dernier, dans les grains qui arrivèrent avec les troupes mercenaires de Hesse, lors de la guerre de l'Indépendance. Faut-il s'étonner si l'Amérique, à qui nous avons donné un destructeur de céréales, nous renvoie un ravageur de la vigne?

Quant aux différences qui existent dans les habitudes de l'insecte, ici n'attaquant que les racines, là-bas que les feuilles, rien n'est désormais plus facile à expliquer. Le Phylloxera se comporte en Amérique, à l'égard de nos cépages, comme il le fait chez nous, et en France les cépages américains sont attaqués exactement de la même manière qu'en Amérique. Ainsi on se rend compte du dépérissement et de la mort en quelque sorte fatale de la vigne européenne transportée aux Etats-Unis. Si les vignes américaines résistent en général mieux que les nôtres aux attaques de l'insecte, il faut tout simplement l'attribuer à leur vigueur exceptionnelle dans un terrain riche, presque vierge, n'ayant pas, comme le nôtre, été épuisé par des cultures incessantes. Le Phylloxera ne peut pas toujours atteindre les racines puissantes, nombreuses, profondément enfoncées dans la couche épaisse du sol américain. Quelle bien plus grande résistance ne doit pas présenter, et quel nombre bien plus considérable d'insectes faut-il pour détruire, par exemple, cette vigne géante, le SCUPPERNONG *(vitis rotundifolia)* dont un seul pied, au dire de M. Laliman, peut couvrir un acre de terrain (42 *ares)* et produire des masses de fruits ?

Mais est-il sérieusement possible de ne voir dans le Phylloxera qu'une manifestation secondaire de la maladie ?

Au milieu d'une vigne jusque-là splendide, un animalcule apparaît dans les racines d'un cep. Sous l'influence de la multitude de piqûres qu'elle reçoit, la racine s'atrophie, le végétal souffre, subit d'abord un arrêt de végétation, puis meurt au bout d'un temps variable. Mais bien avant la mort de la plante, l'animal a abandonné le cep épuisé, pour aller s'implanter sur les racines saines de quelque pied voisin rempli de vie. Ce pied florissant quoique chargé pucerons, ne tarde pas à dépérir à son tour. Alors les parasites l'abandonnent, et bientôt il ne présente plus que des racines pourries. Et l'animalcule va ainsi de proche en proche, laissant derrière lui le dépérissemnt et la mort. Ecoutez M. Vialla dans sa saisissante concision : « Le puce-
» ron produit la pourriture, il la précède toujours et ne la

» suit jamais. » En présence de ce fait si simple, vous allez supposer une cause éloignée, un affaiblissement général de la vigne, un épuisement du terrain ! Mais si la vigne est affaiblie, si le terrain est épuisé, pourquoi tous les ceps ne deviennent-ils pas malades à la fois ? Question de tempérament et de résistance spéciale, répondez-vous. Mais alors, expliquez-nous comment il se fait que tous les ceps prédisposés à la maladie se trouvent invariablement à côté les uns des autres par un merveilleux effet du hasard, et qu'on n'en voit pas de disséminés isolément dans l'étendue du vignoble. Ils succombent de proche en proche, et s'il se détermine de nouveaux foyers, là encore le hasard, un hasard prévoyant fait que les individus prédisposés au mal se touchent sans solution de continuité.

La vigne n'est pas malade d'une maladie profonde, le sol pas davantage.

Combien de fois n'a-t-on pas vu des plantations de l'année, faites avec des plants importés d'Espagne, par exemple, et qui se sont trouvées en grande partie détruites par le puceron ? Certainement, dans ce cas, on ne saurait admettre l'action de causes antérieures qui auraient prédisposé ce vignoble à la maladie.

C'est un fait d'expérience vingt fois repété qu'il suffit d'arracher une vigne couverte de pucerons, destinée par conséquent à périr, de la nettoyer avec soin pour la débarrasser de ces insectes, de la transplanter dans une terre saine pour la voir continuer à vivre ; et de même, si on transporte des Phylloxeras sur les racines d'un cep n'offrant aucune trace de maladie, il ne tarde pas à présenter les caractères de l'infection. Le nouveau venu a apporté les germes de mort là où régnait avant son apparition la vigueur et la vie.

A franchement parler, il faut jeter au panier la méthode expérimentale, il faut déclarer toute observation vaine et rentrer dans les ténébreuses explications du moyen âge, si on peut récuser la démonstration de la nocuité du puceron basée sur ces deux faits : production à volonté de la maladie dans les vignes saines par introduction du puceron dans leurs racines, et guérison des vignes malades par transplantation hors des atteintes du puceron.

Les adversaires de la théorie botanique ont réponse à toutes les objections.

Dans ce conflit d'arguments et de faits contradictoires, nous pouvons au moins dégager une pensée commune aux deux partis : la nécessité de trouver un moyen propre à débarrasser entièrement ou partiellement les vignes du Phylloxera.

Pour les uns, la régénération de la vigne par des fumures, des engrais, des arrosements, des drainages, serait singulièrement hâtée et favorisée, si on pouvait entraver ces générations innombrables d'insectes suceurs. Pour les autres, tout est là, détruire le puceron, et s'il est absolument impossible de le détruire dans les lieux où il existe, arrêter sa propagation, son développement, en un mot préserver les vignes saines.

II

REVUE CRITIQUE DES DIVERS PROCÉDÉS ET DES DIVERSES SUBSTANCES PROPOSÉS CONTRE LA DESTRUCTION DU PHYLLOXERA.

Tant qu'on a vu l'origine du mal dans des causes générales, telles que des conditions climatériques anormales, dans l'épuisement ou la sécheresse du sol, dans les mauvais procédés de culture, on a pu croire que le Phylloxera disparaîtrait sous l'influence de fortes fumures ou d'arrosements copieux.

Plus tard, quand M. Planchon eût découvert l'insecte, on fut naturellement amené à penser qu'à l'aide d'insecticides on pourrait arriver à le détruire, quand il est fixé sur les racines, ou à empêcher sa propagation d'un point à un autre. La plupart des systèmes proposés depuis 1868 portent la trace de cette préoccupation : détruire le puceron par des insecticides. La théorie botanique elle-même, qui, comme nous l'avons vu, conteste d'une manière absolue le rôle de l'insecte en tant qu'agent primordial et unique de la maladie, convient cependant de la nécessité d'appliquer provisoirement la méthode insecticide.

L'insuccès en bloc des insecticides jusqu'ici employés a amené la naissance d'autres systèmes, dont le plus radical consiste à arracher et à brûler toute vigne gravement infestée. Ce moyen aurait détruit un germe de ruine, s'il avait été appliqué au début de l'invasion, alors que les vignes attaquées étaient en fort petit nombre. Mais aujourd'hui cette méthode désespérée serait impuissante à arrêter le mal ; car il faudrait obtenir le consentement unanime de tous les propriétaires, ce qui est impossible, leur demander de sacrifier des vignes saines en apparence et qui, pendant un ou deux ans, donneraient encore quelque récolte.

L'irrigation et la submersion, cette dernière surtout, des vignobles placés dans les conditions où ce traitement est applicable ont fourni des résultats remarquables à M. Faucon. Mais de toute évidence, le procédé praticable dans les localités d'un niveau bas ne peut pas être employé dans les lieux élevés ou déclives. Il n'a par conséquent qu'un caractère restreint d'utilité, et en tout cas, l'emploi répété tous les ans d'un bain durant un mois ou six semaines n'est pas sans inspirer une certaine inquiétude aux propriétaires de vignobles, aussi bien au point de vue de la qualité du raisin qu'à celui de la résistance du végétal.

L'étude attentive des mœurs du Phylloxera ayant permis à M. Lichtenstein d'établir que les radicelles les plus fraîches et les plus superficielles sont toujours les points envahis par le parasite, ce savant a eu l'idée d'enfouir sous terre les sarments assez longs et assez flexibles pour se prêter à cette opération, après avoir pris soin de pratiquer en long, au couteau, des plaies longitudinales. Un mois après, il se forme des bourrelets autour des blessures, et des radicelles bientôt recouvertes de très petits Phylloxeras commencent à se montrer.

Il ne reste plus alors qu'à relever la première partie du sarment enfouie, à supprimer avec des ciseaux les radicelles bien garnies d'insectes en les jetant dans un liquide insecticide et à remettre en place les provins.

Ce système d'appât éminemment rationnel, il faut bien le reconnaître, ne semble pas avoir produit tous les résultats heureux qu'en attendait l'auteur. En tous cas, il ne peut évidemment servir qu'à ralentir le mal, non à le guérir, pas davantage à empêcher sa propagation.

Je ne parlerai qu'en passant de la substitution des cépages américains aux cépages français comme mode général de culture, ou de la greffe de nos cépages sur des cépages résistant aux attaques du Phylloxera. Cette transformation, proposée par M. Laliman et appuyée par M. Planchon à la suite de sa mission scientifique en Amérique, reste peut-être comme une dernière ressource dans la lutte entreprise contre le fléau de nos vignobles. Toutefois, suivant la judicieuse observation du docteur Plumeau, proposer de transformer ainsi nos vignobles est chose grave à tous les points de vue. Chaque bouture américaine coûte 1 fr. 50 c. Quel vin produira-t-on ? Combien de temps faudra-t-il pour greffer nos cépages sur des pieds suffisamment vigoureux ? Les cépages introduits indemnes aujourd'hui continueront-ils à l'être sous un autre climat et dans d'autres conditions ? Problèmes difficiles et délicats, pour la solution desquels il faut attendre les résultats d'essais faits par diverses sociétés d'agriculture.

Quand le bruit se répandit, il y a quelques mois, qu'il existe en Amérique un insecte qui dévore le Phylloxera dans sa demeure souterraine, bon nombre de personnes étrangères à l'étude des sciences naturelles crurent à une véritable mystification.

L'existence et le rôle de cet *acarien cannibale* vis-à-vis du ravageur de la vigne n'est plus à l'état de simple hypothèse. M. Planchon l'a rapporté d'Amérique, et les efforts de ce savant se portent en ce moment vers sa multiplication en boîtes fermées ; au printemps prochain il tâchera de l'acclimater en plein sol. Quel est l'avenir dans notre pays de cet insecte antagoniste du Phylloxera ? Nous le saurons plus tard. Suivant M. Planchon, et tous les esprits sages seront de son avis, il ne faut pas s'exagérer l'importance du rôle qu'est appelé à remplir l'Acarus mangeur de Phylloxera ; ce serait peut-être s'exposer à des mécomptes que de suspendre d'autres traitements, logiques en apparence, dans l'attente patiente des services gratuits de l'Acarus.

Soit pour entrer dans le sol, soit pour en sortir, le Phylloxera n'adopte pas une voie unique, par exemple le pied du cep. Telle est du moins, et nous l'avons déjà vu, l'opinion des observateurs les plus autorisés. Par conséquent, les moyens mécaniques, tels que l'emploi du sable, du plâtre, le tassement de la terre, le badigeonnage du collet de la racine avec des substances gluantes et insecticides, reposent tout au moins sur des données problématiques. Il n'y a donc pas lieu d'attacher à ces sortes de piéges une importance qu'ils ne sauraient avoir dans l'état présent de nos connaissances.

Les engrais sous toutes leurs formes ont été appliqués à la guérison des vignes malades. Ils ont simplement réussi à soutenir l'arbuste, à lui redonner une apparence de vitalité; mais, dans ce combat, l'insecte a toujours fini par être le plus fort. M. Léopold Giraud, propriétaire à Pomerol, m'a raconté un fait qui prouve que le Phylloxera, après avoir abandonné des racines épuisées, y revient si, par de fortes fumures, on réussit à donner à ces racines une nouvelle vigueur. Ayant constaté au mois de juin 1873 un petit foyer parfaitement caractérisé, M. L. Giraud rechercha le Phylloxera sur les racines des vignes les plus malades. Naturellement il n'en trouva pas; mais le puceron abondait sur les pieds voisins encore vigoureux. Il fit alors fortement fumer les souches où il avait été impossible de découvrir un seul insecte. Peu de temps après il examina les racines. Quel ne fut pas son étonnement en les voyant couvertes de Phylloxeras qui, attirés par la nouvelle vigueur de la plante, étaient revenus en grand nombre des pieds voisins!

L'enfouissement, au moment de la floraison, de plantes fortement odorantes ou toxiques n'a pas mieux réussi. En réalité, ces cultures donnent simplement naissance à des engrais plus ou moins bien adaptés à la vigne; mais il ne faut nullement compter sur l'action toxique ou insecticide de plantes fraîches déposées dans le sol. Tant que la plante reste indécomposée, tant que son organisation subsiste, le poison contenu dans ses tissus ne se dissout pas plus dans l'humidité naturelle du sol qu'il ne se dissout dans les eaux pluviales tombant sur le végétal vivant. Et lorsque la désagrégation des tissus commence sous l'influence de la fermentation, le poison a disparu en grande partie; le groupement moléculaire qui constituait la substance végétale toxique se trouve détruit par la décomposition violente qui vient d'avoir lieu. On n'a plus affaire qu'à du fumier plus ou moins riche en potasse, en azote, en phosphates, etc.

On le voit, l'exposé des méthodes proposées contre la marche du terrible fléau n'en laisse pas une seule entière, sauf la submersion des vignobles, impraticable dans l'immense majorité des cas. Dès lors, faut-il s'étonner si le bon sens public, d'accord avec la notion scientifique, persiste à tourner les yeux du côté des insecticides solides, liquides ou gazeux? et cela malgré la suite non interrompue d'insuccès qui a signalé leur emploi. Le nombre des substances capables, à de très petites doses, de tuer le Phylloxera quand on l'a sous la main, dans son cabinet, est à peu près illimité; les officines des pharmaciens, les dépôts de produits chimiques pour les arts sont remplis de ces agents de destruction. On n'a, pour ainsi dire, que l'embarras du choix. Mais là n'est pas la question.

Ce serait une œuvre fastidieuse et sans utilité pratique que de critiquer en détail l'interminable série des substances qui ont été proposées pour la destruction du Phylloxera. A côté de formules rationnelles figurent d'extravagantes conceptions et de nombreuses répétitions de produits déjà condamnés par l'expérience. Quant aux remèdes dits infaillibles dont les prétendus inventeurs entendaient à l'avance se réserver le secret, ils ne valent pas la peine qu'on s'y arrête un instant. D'ailleurs, la plupart de ces préparations mystérieuses n'ont guère survécu à leur éclosion. Les agriculteurs ont vite compris que tout produit qu'on n'avoue pas est par cela même suspect.

Ce travail étant surtout une œuvre de vulgarisation destinée à répandre dans notre arrondissement, sérieusement attaqué sur divers points, les notions les plus essentielles sur le Phylloxera, je crois devoir fournir la liste des principales substances employées déjà sans succès dans le midi de la France et dans la Gironde. Le principal avantage de ce tableau sera de prémunir les propriétaires contre la tentation qu'ils pourraient avoir d'employer des remèdes jugés ailleurs inutiles ou nuisibles.

Acétate de cuivre ou verdet. — Tous les sels de cuivre employés à doses considérables font périr les plantes, ou tout au moins compromettent gravement leur vitalité.

Acide carbonique. — Le gaz acide carbonique, déjà très difficile à introduire par injection dans la terre et qui doit y rester bien peu de temps en vertu de sa puissance d'expansion, n'est sans doute pas, dans ces conditions, un toxique pour le Phylloxera. Si l'auteur s'était souvenu que l'air confiné dans la terre arable contient, à une certaine profondeur, trente-cinq fois plus d'acide carbonique que l'air atmosphérique, il aurait pu prévoir que le puceron ne serait que médiocrement incommodé par un jet passager de ce gaz.

Acide phénique impur en solution. — Ce produit chimique a fourni quelques bons résultats, mais il exige l'emploi d'une grande quantité d'eau au pied de chaque cep; de plus, employé à trop forte dose, il est bien loin d'être aussi inoffensif qu'on l'a dit et ne saurait d'ailleurs être employé sur une grande échelle à cause de son prix relativement élevé.

Acide hyphosphorique. — Provenant du séjour prolongé dans l'eau du phosphore qui sert à fabriquer les allumettes. Impraticable, dangereux.

Acide arsenieux. — Difficilement soluble dans l'eau, d'un maniement dangereux et d'une efficacité fort douteuse.

Ammoniaque liquide. — Ne pouvant être utilisé qu'à un grand état de dilution qui affaiblit son action et laisse subsister tous les inconvénients de l'emploi d'une grande quantité d'eau.

Arsenite de soude. — Résidu impur provenant des fabriques de rouge d'aniline ; mêmes inconvénients, au point de vue du maniement, que l'acide arsenieux : s'est montré comme lui inefficace.

Chaux en poudre. — La chaux vive ne tarde pas à se carbonater dans le laboratoire puissant de la terre, et perd sa causticité bien avant le moment où est elle en contact avec la majeure partie des insectes.

Chlorure de chaux. — *Chlore en poudre des blanchisseuses.* Desagrége les tissus végétaux lorsqu'il est à l'état de bouillie ; en dissolution étendue, ne pénètre pas suffisamment dans les couches profondes du sol.

Coaltar, goudron de houille. — Les imperfections du mode d'emploi, les vices de la méthode générale jusqu'ici appliquée, n'ont pas permis au coaltar de donner uniformément tous les résultats qu'on en peut attendre. Toutefois il est, de tous les insecticides, celui dont on s'est le mieux trouvé. Dans son rapport à l'Académie des sciences et à la suite de la mission dont il avait été chargée par elle, M. Duclaux n'hésite pas à déclarer que le *coaltar seul a donné des résultats variables dans lesquels la somme des bons l'emporte sur celle des mauvais.* Le lecteur verra plus loin le parti qne j'ai tiré d'un des dérivés ou plutôt d'un produit de concentration du coaltar, pour la destruction du Phylloxera, ou, tout au moins, pour la préservation des vignes saines.

Chaux des usines à gaz. — A réussi partiellement par suite de son odeur coaltarée, mais est évidemment bien inférieure au coaltar lui-même,

Eau de mer à haute dose. — Présente tous les inconvénients de transport d'une grande quantité de liquide ; inapplicable en grand pour ce seul motif.

Eau pure. — Quand on fait absorver en une seule fois la quantité de 200 à 300 litres d'eau à l'espace cubique de terre qu'ocuppe l'appareil radiculaire d'une souche, on détruit à coup sûr un grand nombre de Phylloxeras. Mais ce moyen, d'ailleurs dilatoire, ne peut jamais constituer qu'une petite expérience de curiosité.

Huile de Cade. — M. Planchon avait fondé les plus grandes espérances sur une liqueur composée, d'après les indications du professeur Jeanjean, avec un gramme d'huile de cade disous dans quelques litres d'eau à la faveur d'un peu de carbonate de soude. Ce liquide en effet est puissamment insecticide ; mais on a dû y renoncer par suite de la difficulté de le faire pénétrer dans les profondeurs de la terre.

Huile lourde de Gaz. — Donnerait lieu aux mêmes observations que le coaltar, dont il est d'ailleurs un des composans ; a été employée sans succès dans le midi suivant la méthode connue.

Essence d'aspic. — « Pour un vignoble entièrement atta- » qué, on distance de 10 à 15 mètres des vases dans lesquels

» on a versé une cuillerée à café d'essence d'aspic. Quelques » heures après on voit *des hordes* de ces insectes (Phyl- » loxera) fuir l'odeur, insupportable pour eux, de cette » essence. »

C'est une malice qu'on me pardonnera d'avoir textuellement copié ce procédé dans sa naïveté charmante ; malheureusement l'auteur a été le seul à voir des légions de Phylloxeras fuyant en désordre l'odeur de l'essence d'aspic. Depuis, le phénomène n'a jamais fait à personne l'honneur de se reproduire.

Essence d'Eucaliptus. — Rien n'était plus simple. Il s'agissait de faire une petite entaille à un sarment de vigne phylloxerée, et à l'aide d'un pinceau trempé dans l'eucalyptol, de frotter légèrement, le plus légèrement possible, la blessure. Tous les Phylloxeras des racines mouraient à la suite de ce traitement, on ne dit pas si c'était à plusieurs lieues à la ronde. Il est à ma connaissance que l'essence d'eucalyptus a été employée aux environs de Libourne par un malheureux propriétaire qui s'était laissé prendre à cette belle annonce : inutile de dire que le résultat a été entièrement nul.

Naphtalıne. — N'a pas réussi à certains expérimentateurs par défaut de méthode d'emploi rationnelle.

Orpiment, sulfure jaune d'arsenic. — Même cas que l'acide arsenieux et l'arsenite de soude.

Pétrole. — Le pétrole étant très volatil a été essayé de la même manière que le sulfure de carbone. Il n'a fourni que de pauvres résultats.

Potasse caustique (obtenue par le mélange de chaux vive et de carbonate de potasse). — La potasse caustique, ou pierre à cautère, désorganise les tissus lorqu'elle est en dissolution concentrée ; à un grand état de dilution, elle offre les mêmes difficultés de pénétration que tous les poisons en général.

Quassia amara. — Le succès du papier tue-mouche, dont la base toxique, pour les animaux inférieurs, est le quassia amara, a sans doute inspiré ce système, qui ne paraît pas être sorti du domaine d'une expérimentation de laboratoire ou de jardin.

Savon noir en dissolution plus ou moins concentrée. — Cette préparation a donné quelques bons résultats, elle a fini par être abandonnée pour le motif si souvent exprimé : impossiblité de la faire pénétrer dans les couches profon des du sol.

Staphysaigre en décoction ou en poudre. — Est réellement insecticide, mais d'nn prix trop élevé et d'un emploi impossible suivant la méthode connue.

Sulfate de cuivre, vitriol bleu. — Même observation que pour l'acétate de cuivre.

Sulfate de fer, vitriol vert. — L'introduction dans le sol d'une quantité considérable de fer nuit presque toujours à la végétation.

Sulfure de calcium, polysulfure de calcium — En solution à 10 à 12 pour 100, le sulfure de calcium à réussi en ce sens qu'il a fait périr beaucoup d'insectes ; d'une conservation difficile, le produit a besoin d'être préparé presque au fur et à mesure du besoin, ce qui constitue une sorte d'opération chimique journalière, qui n'entre nullement dans les goûts du propriétaire. Sans cet inconvénient fort réel, joint à celui de la dilution dans une grosse masse d'eau, le polysulfure de calcium. engrais et insecticide par les gaz qu'il dégage naturellement, serait appelé à rendre de grands services.

Sulfure de carbone. — Beaucoup de bruit a été fait l'an dernier autour de ce produit ; il semblait à bon nombre d'agriculteurs et de savants, que le reméde était trouvé. J'étais, pour mon compte, bien loin de partager l'engouement général, et à ce sujet, je demande la permission de citer les lignes que j'écrivais dans un journal de l'arrondissement, à la veille des expériences qui se préparaient autour de nous, à l'effet de contrôler la méthode de MM. Monestier, Lautaud et d'Ortoman.

« Quant à l'action funeste du sulfure de carbone liquide sur les souches, il nous est, moins qu'à personne, difficile de l'admettre. Nous possédons par devers nous une expérience déjà ancienne qui vient entièrement à l'appui de l'observation de MM. Monetier, Lautaud et d'Ortoman.

» Il y a une quinzaine d'années, nous avions été frappé de la difficulté qu'on éprouvait souvent à soufrer la vigne dans de bonnes et faciles conditions. Nous nous étions demandé si, en faisant dissoudre du soufre dans du sulfure de carbone, on n'arriverait pas à déposer aisément, sur tout le végétal, une couche uniforme de soufre divisé et très adhérent. Un premier essai nous démontra de suite que toute partie d'un végétal vivant qui a reçu la plus légère affusion de sulfure de carbone, est immédiatement frappée à mort. L'acide sulfurique concentré, le vitriol, qui brûle et corrode tout, ne tue pas plus sûrement.

En somme, la propriété puissamment insecticide du sulfure de carbone est certaine et dès longtemps connue. Tout porte à croire que, par lui, en opérant avec soin, on détruira infailliblement le Phylloxera. *A priori,* mais *à priori* seulement, nous devons faire quelques réserves touchant l'action inoffensive ou même bienfaisante des vapeurs de sulfure de carbone sur les souches de vigne.

» Dans cet article, nous avons eu pour unique but de faire connaître les propriétés générales et les application industrielles les plus saillantes du sulfure de carbone. Par ce que nous savons, nous osons affirmer l'excellence de la méthode insecticide de MM. Monestier, Lautaud et d'Ortoman. Aux viticulteurs à vérifier si le *Phylloxera* ne renaîtra pas de ses cendres, et si les vapeurs de sulfure de carbone sont aussi favorables à la vigne qu'on le dit.

E. Falières. »

(*Chronique de Libourne*, 24 août 1873.)

Les craintes que j'exprimais à ce moment ne se sont, hélas ! que trop réalisées. Si le sulfure de carbone tue le Phylloxera, il fait non moins sûrement périr la vigne.

Sulfure de fer. — Même reproche à adresser qu'au sulfate de fer.

Sulfure de cuivre. — Ne vaut pas mieux que le vitriol bleu.

Tourteaux de colza, contenant de la moutarde. — Il est certain que la moutarde en poudre, au contact de l'humidité du sol, dégage du sulfocyanure d'allyle (odeur piquante des sinapismes) qui tue le puceron. Mais cette préparation d'ailleurs coûteuse n'a qu'une action éphémère, qui n'est pas suffisante pour atteindre tous les Phylloxeras.

Urine humaine, urine de vache, (à l'état frais). — Ne paraît pas devoir mieux agir que l'ammoniaque ou les sels ammoniacaux. Présente les mêmes difficultés de transport, et ne se trouverait pas d'ailleurs en quantité suffisante pour remplir tous les besoins.

On voit, d'après cet examen sommaire des faits acquis, que les substances qui tirent leur origine de la houille, le coaltar, l'acide phénique, la naphtaline, l'emportent sur toutes les autres ; elles semblent plus particulièrement s'être rapprochées du but. Et dès lors on peut croire que l'insuccès relatif des produits coaltarés tient aux mauvaises conditions dans lesquelles ils ont été expérimentés.

Quand on étudie de près le problème de la destruction du Phylloxera, on reconnaît qu'il est fort complexe ; la négligence volontaire ou forcée de l'une quelconque des conditions principales entraîne nécessairement une solution mauvaise.

Un exemple, matérialisant pour ainsi dire les objections, fera mieux comprendre ma pensée à ce sujet.

Supposons que nous ayons le dessein de détruire le phylloxera, en plein sol, à l'aide d'une substance toxique, d'un poison n'émettant ni odeur ni vapeur, ne pouvant, par conséquent, agir sur l'animal que par un contact immédiat et direct avec lui. Dans ce cas, nous avons l'obligation de choisir un produit suffisamment soluble dans l'eau, comme l'arsenite de soude, le bi-chlorure de mercure, etc., ou pouvant être rendu soluble par l'intervention d'un deuxième corps (exemple : huile de cade et carbonate de soude). Pour éviter les décompositions secondaires, qui, dans le laboratoire puissant de la terre, pourraient faire passer au bout de peu de temps le produit primitivement soluble à l'état insoluble, il faut présenter rapidement le poison à l'animal et, par conséquent, faire arriver d'emblée notre dissolution aux dernières ramifications des racines. L'insecte devant être enveloppé de toutes parts par le poison, la question consiste uniquement à savoir quelle est la quantité d'eau nécessaire pour humecter, dans toutes ses parties, le volume de terre dans lequel est dispersé le système radiculaire de la souche. Cette faculté d'imbibition variera nécessairement, suivant la nature des terrains et suivant la profondeur à laquelle s'enfoncent, dans certains sols, les dernières racines à atteindre. Mais prenons pour base de nos évaluations des chiffres bien au-dessous de la réalité: le calcul et l'expérience n'en feront pas moins ressortir l'impossibilité d'application pratique de la méthode fondée sur l'emploi des toxiques en dissolution.

Convenons d'abord que, les racines d'un pied de vigne s'enchevêtrant le plus souvent avec les racines du pied voisin, il importe d'humecter en surface et en profondeur tout le terrain qui appartient en propre à chaque souche. Admettant, pour la facilité du calcul, que chaque pied occupe superficiellement un mètre carré seulement et que les dernières racines ne vont pas au-delà de 50 centimères en profondeur, c'est donc un demi-mètre cube de terre au minimum à imbiber complétement de la solution empoisonnée.

A 10 centimètres de profondeur, les terres de nature siliceuse, calcaire, argileuse ou argilo-calcaire contiennent normalement de 10 à 25 p. 100 d'eau. Si on imbibe supplémentairement une de ces terres, de manière qu'une portion quelconque placée sur un entonnoir ne laisse pas couler d'eau, on s'aperçoit qu'il y a eu une absortion énorme, laquelle varie suivant l'état du sol entre 250 et 500 litres de liquide par mètre cube de terre. Il ressort de cette observation, tous les jours répétée dans les Écoles d'agriculture comme expérience d'instruction, que pour imbiber à l'aide d'une solution toxique et en vue de la destruction du Phylloxera, un demi-mètre cube de terre, il faudrait employer 125 à 250 litres de liquide. Cette dose sera presque toujours insuffisante, puisque, dans l'immense majorité des cas, on aura affaire à plus d'un demi-mètre cube de terre.

En outre, les arrosements devraient être lents, patients, méthodiques, de manière à permettre une imbibition graduelle et à empêcher les fausses voies de se former.

Qui ne voit que ce sont là des conditions et des précautions que ne comporte à aucun degré la pratique agricole?

Ainsi se trouve forcément éliminée la méthode insecticide basée sur la dissolution des poisons dans l'eau.

A la vérité, on objectera qu'il est possible de diminuer notablement les quantités de liquide en déchaussant largement ; mais dans ce cas ce serait le terrain tout entier à remanier à une grande profondeur, sans la certitude d'atteindre au moyen de cuvettes-réservoirs toutes les ramifications latérales du tronc principal de la racine.

Il y aurait également illusion à prétendre profiter des moments où le sol, saturé d'eau après d'abondantes pluies, serait censé n'exiger qu'une bien moindre quantité de liquide toxique. D'abord, comme nous l'avons déjà vu — et plus loin j'insisterai davantage sur ce point, — nous ne sommes pas libres de choisir l'époque d'emploi des insecticides ; cet emploi doit se faire au premier printemps, alors que les Phylloxeras au sortir de mue étant mous, agiles, voyageurs, les moyens d'agir sur eux ont infiniment plus de chances de succès. D'un autre côté, la pénétration de nouvelles quantités de liquide dans un terrain déjà saturé ne s'opère pas avec régularité; il se fait des mares, de véritables réservoirs ; la dispersion du poison n'a pas lieu.

La conclusion à tirer de ces observations qui s'imposent au bon sens, c'est que le procédé de destruction du Phylloxera par voie de dissolution des poisons dans l'eau constitue une méthode dont la condition première est inapplicable en grand.

On a proposé d'injecter dans le sol des gaz toxiques, acide sulfureux, acide sulfhydrique, oxyde de carbone, acide carbonique, etc. ou d'y déposer des liquides volatils, essence de pétrole, sulfure de carbone, etc., capables de donner rapidement naissance à des vapeurs également toxiques. C'est ce qu'on pourrait appeler le procédé de destruction à action extemporanée.

En ce qui touche l'application directe des gaz, il paraît bien difficile de faire pénétrer jusqu'aux dernières ramifications des racines des fluides élastiques qui tendent à s'échapper rapidement dans l'atmosphère par les interstices de la terre arable. Ces interstices, remplis d'air confiné, s'opposent par eux-mêmes à de nouvelles pénétrations de couches gazeuses, sous une faible pression. Veut-on injecter énergiquement à une certaine profondeur ? le gaz injecté rebondit sous l'obstacle, il s'ouvre de larges voies, toujours en petit nombre, par lesquelles il s'échappe abondamment au-dessus du sol. La partie utilisée est toujours hors de proportion avec la partie consommée par l'appareil injecteur.

Un système qui paraissait devoir être plus fécond, et dont le sulfure de carbone a été un moment l'expression, consiste à déposer un liquide toxique très volatil dans un ou plusieurs trous pratiqués à une certaine profondeur autour du cep. Les ouvertures étant immédiatement bouchées, il se forme rapidement une vapeur qui imprègne plus ou moins le terrain, suivant la température et l'état de sécheresse ou d'humidité du sol. Malgré le vaste insuccès du sulfure de carbone, la méthode basée sur la diffusion des gaz ou vapeurs toxiques se répandant de bas en haut mérite une sérieuse attention. Il s'agit de trouver une substance agissant sur l'insecte sans porter tort à la vigne : c'est affaire aux chimistes. Mais bon nombre d'esprits droits déclarent *à priori* que les procédés à action extemporanée sont faux en principe ; car, objectent-ils, tout ce qui tuera rapidement le Phylloxera du même coup tuera la vigne.

III

NOUVEAU MODE D'EMPLOI DES INSECTICIDES

Faut-il donc s'avouer vaincu et mettre bas les armes? Dieu nous garde de pareilles défaillances! Car, comme le dit excellemment M. Duclaux dans son beau mémoire, l'aide ne vient qu'à ceux qui la méritent par de persévérants labeurs et qui en luttant contre les fléaux dont ils sont assaillis, obéissent, quoi qu'en pensent des esprits fanatisés, à un devoir étroit, on peut même ajouter à un précepte divin.

Les produits du type phénol, coaltar, huile lourde de gaz, naphtaline, acide phénique, étant ceux qui paraissent le mieux remplir l'indication, n'existe-t-il aucun moyen d'en tirer un parti plus avantageux encore, en vue de la destruction du Phylloxera ou tout au moins de l'arrêt de sa propagation?

Mais, tout d'abord, il me semble utile d'indiquer sommairement l'origine de ces diverses substances. Le chapitre gagnera ainsi en clarté pour bon nombre de lecteurs étrangers aux pratiques industrielles qui relèvent de la chimie.

Tout le monde connaît le goudron de houille ou coaltar: c'est la substance noire, grasse, résineuse, à odeur forte et pénétrante, qui se condense dans les barillets et autres récipients d'épuration humide du gaz de l'éclairage. 100 kilogrammes de houille en produisent de 4 à 5 kilogrammes; cette proportion est énorme, si l'on songe aux quantités de charbon de terre que consomment les usines à gaz. En nature, sous sa forme poisseuse et repoussante, le coaltar n'a reçu que des usages restreints; on l'a employé pendant longtemps pour des peintures grossières, et comme lien, comme moyen d'agglomération des menus de houille, dans la fabrication des briquettes combustibles.

Plus tard, mieux étudié, il devint une source abondante de la benzine et, à la suite, des magnifiques matières colorantes qui en dérivent ; on en extrait également des huiles lourdes qui servent à la conservation du bois en général et des traverses de chemin de fer en particulier ; c'est par millions que l'on compterait les économies que cette dernière application, issue des expériences d'un de mes maîtres et amis personnels, le regretté Parisel, a réalisées dans l'entretien des chemins de fer.

La séparation des divers produits industriels contenus dans le coaltar s'opère sur une grande échelle, notamment en Angleterre, dans des établissements qu'on pourrait appeler distilleries de coaltar.

100 kilogrammes de goudron de houille, soumis directement à la distillation dans d'immenses alambics, se dédoublent suivant la composition moyenne ci-dessous :

Huile plus légère que l'eau, se distillant au-dessous de 100 degrés	5 à 6	kil.
Huile plus lourde que l'eau, se distillant au-dessus de 100 degrés	10 à 12	»
Eau ammoniacale	5 à 6	»
Brai (résidu sec)	75 à 70	»
Perte	5 à 7	»

L'huile plus légère que l'eau trouve un écoulement très avantageux dans l'industrie des couleurs d'aniline.

L'huile plus lourde se distille entre 180 et 350 degrés de température. Si la distillation a lieu dans la saison chaude, l'huile lourde se sépare en deux portions, dont l'une est cristallisée et dont l'autre reste liquide.

Liquide ou cristallisée, l'huile lourde peut être considérée comme un mélange d'acide phénique et de naphtaline. Dans les arts, elle porte indistinctement les noms d'*huile lourde de gaz*, de *créosote brute*, de *naphtaline brute*, de *deuto-carbole*, par opposition au proto-carbole, qui est l'huile légère.

Il importe déjà de remarquer que le coaltar fournit, en moyenne, 10 à 12 pour 100 d'huile lourde contenant la presque totalité de l'acide phénique.

L'acide phénique est connu depuis longtemps comme un insecticide, non-seulement parce qu'il constitue un véritable poison pour les animaux inférieurs, mais encore parce que son odeur forte et pénétrante les éloigne des lieux où elle peut se répandre librement. Sa solubilité suffisante dans l'eau a donné l'idée de l'employer à l'état de dissolution copieuse au pied des ceps. Toutes les fois que les arrosements à l'aide de la solution phénique ont été abondants, on a obtenu des effets non douteux de destruction du Phylloxera ; mais l'acide phénique en nature est trop cher pour l'agriculture, et surtout il a fallu renoncer à son usage parce que, rentrant dans la classe des insecticides par voie de dissolution des poisons dans l'eau, il était inapplicable en grand.

Le premier mode d'emploi du coaltar a consisté à arroser chaque pied avec de l'eau ayant séjourné plus ou moins longtemps dans des tonneaux contenant du goudron de houille. Comme on le voit, ce n'était là qu'une solution d'acide phénique ; elle a naturellement échoué par impossibilité d'appliquer la condition essentielle : transport d'une grande masse d'eau.

Quelques auteurs ont cru pouvoir utiliser les propriétés insecticides du coaltar en se bornant à déposer une certaine quantité de cette substance au pied de chaque cep préalablement déchaussé. D'après eux, l'odeur pénétrante du goudron de houille devait se répandre en tous sens dans le sol et atteindre partout le puceron. L'expérience ne confirme pas la donnée hypothétique sur laquelle repose ce procédé. La terre en effet est un absorbant extrêmement puissant ; les émanations, les odeurs, qui ne se produisent pas sous la forme de vapeurs ou de gaz, sont bien loin de se répandre dans la sein de la terre avec la même facilité que dans l'air. J'ai enfoui un très grand nombre de fois des substances odorantes, du musc, du patchouly, du coaltar, des poudres phéniquées, naphtalinées, coaltarées, à une certaine profondeur dans la terre arable; l'odeur de ces substances n'a jamais imprégné le sol que dans une zone extrêmement limitée autour du point où elles avaient été déposées. A quinze, dix, et quelquefois à cinq centimètres de distance, la terre n'exhalait aucune odeur appréciable de la substance enfouie; et cette constatation a été faite dans les conditions les plus variées d'expérimentation. Il ne faut donc pas compter sur la dispersion, au sein de la terre et dans toutes les directions, des odeurs que l'insuffisance de nos connaissances jusqu'à ce jour nous force à considérer comme n'ayant pas pour véhicules de transport des molécules matérielles.

Pour ces motifs, appréciés ou non par les expérimentateurs, le coaltar sous la forme simple d'enfouissement dans le sol ou de badigeonnage au collet de la racine n'a pu qu'échouer; et si des succès partiels ont quelquefois et très légitimement fait illusion, cela tient à coup sûr à un concours de circonstances accessoires dont la relation n'a pas été faite. Il est permis de penser que ces demi-réussites doivent être attribuées principalement au mélange plus ou moins intime de la terre avec le coaltar.

L'huile lourde de gaz, liquide ou cristalisée, a été soumise aux mêmes épreuves que le goudron de houille, dont elle est, comme nous l'avons vu, un produit de concentration; elle a fourni des résultats de tout point comparables à ceux du coaltar lui-même.

Le Comice viticole de Saint-Émilion se souvient des expériences pratiquées sous les yeux de sa commission au château des Tours, sur l'initiative de M. Faucher, avec l'huile lourde de gaz. Ces expériences, faites dans les conditions insuffisantes de la méthode générale connue, n'en laissèrent pas moins dans l'esprit des membres de la commission la conviction que l'huile lourde est un insecticide fort énergique et très économique, dont le mode de dissémination dans le sol restait seul à trouver. M. Faucher, ayant dirigé à plusieurs reprises, en France et en Angleterre, de grandes usines consacrées à la préparation des traverses de chemin de fer conservées par l'huile lourde de gaz, avait eu l'occasion d'observer l'action violente de cette substance sur les insectes en général. Il avait toujours vu à l'abri des affections parasitaires et des invasions d'insectes ravageurs, les plantes et les arbres vivant dans les terrains placés au voisinage des fabriques; or, ces terrains sont plus ou moins recouverts de naphtaline provenant, soit des vapeurs qui sortent par les fissures des chambres à préparation, soit de la dispersion des poussiers. Il demeurait parfaitement convaincu que l'huile lourde est l'agent de destruction à préférer comme énergie et économie de produit. D'après les conseils de quelques viticulteurs, il me demanda s'il ne serait pas possible, par un meilleur mode d'emploi, de faire rendre à la créozote brute tout ce qu'elle peut donner. A vrai dire, M. Faucher me demandait en peu de mots de résoudre le problème difficile qui, jusque-là, avait occupé de plus habiles que moi. C'est dans ces circonstances, que je rappelle pour laisser à chacun la part qui lui revient, que j'ai été amené à étudier de très près la question de la destruction du Phylloxera.

Tous les systèmes, toutes les formes ayant échoué ou étant inapplicables, il fallait entrer dans un autre ordre d'idées. Ma préoccupation fut alors de trouver un moyen propre à emprisonner l'insecte dans les lieux qu'il a envahis, à l'empêcher d'en sortir vivant, et, par suite, à prévenir les ravages provenant de sa propagation à distance ou de proche en proche. Il semble que cette indication peut être réalisée par la dispersion à la volée, sur la surface tout entière du sol, d'une couche insecticide uniforme ne devant pas permettre aux pucerons d'opérer leurs migrations de dedans en dehors et de dehors en dedans.

Tous les insecticides ne peuvent pas affecter la forme pulvérulente; de plus, pour arriver à faire recouvrir régulièrement et sans trop de précautions des surfaces considérables par les personnes les moins intelligentes, sans laisser exister des lacunes, des manques, il faut employer une quantité notable de poudre ; de là ressort l'obligation d'un prix de revient minime.

Quelques essais firent vite connaître les conditions essentielles que devait remplir le produit à trouver.

En premier lieu, il importe que la poudre soit filante, non agglomérable par le repos ou la chaleur de la main, et cependant elle ne doit pas être trop sèche ; car, dans ce dernier cas, le moindre vent l'emporterait et il se ferait des distributions inégales qui iraient contre le but proposé, empêcher le Phylloxera de pénétrer dans le sol quand il vient de loin, l'empêcher d'en sortir quand il s'y trouve déjà. La poudre doit être assez lourde pour tomber à peu près perpendiculairement quand elle s'échappe des doigts ou des distributeurs mécaniques déjà existants ou qu'on pourra imaginer. Enfin, condition fort importante, il ne faut pas qu'une fois étalée sur le sol, elle puisse être déplacée au premier moment sous l'action d'un vent modéré : la pesanteur est un premier obstacle à cet effet, mais elle ne suffirait pas ; il faut encore que, par une certaine plasticité, la poudre possède la propriété de s'attacher de plus en plus au sol, de contracter avec la terre une certaine adhérence. Par dessus tout, la propriété insecticide ne doit pas être éphémère ; il faut que la poudre puisse supporter assez longtemps et sans altération notable les alternatives de froid, de chaleur, de sécheresse, d'humidité, dans le laboratoire de la terre, siége constant de phénomènes de désagrégation et de décomposition.

Or, ces conditions multiples se trouvent réalisées par le mélange de trois parties de plâtre (sulfate de chaux des chimistes) et d'une partie d'huile lourde de gaz, telle qu'on la trouve généralement dans les fûts d'origine; ces fûts contiennent en moyenne 25 pour 100 de créozote liquide et 75 pour cent d'huile lourde solide. La formule devient donc celle-ci :

Plâtre		75
Huile lourde liquide	8 à 9	} = 25
— — solide	17 à 16	
		100

Le mélange est opéré très intimement à l'aide de moyens mécaniques dont je n'ai pas à faire ici la description, chacun pouvant les imaginer et les varier suivant les appareils qui sont en sa possession. Quand on n'a pas une machine spéciale débitant d'emblée au dernier état de perfection, il est bon de passer le produit à travers une série de cribles gradués en finesse de manière à obtenir une poudre aussi tenue que le plâtre lui-même.

On est tout surpris de voir une quantité aussi faible de plâtre absorber, sans changer d'aspect physique autrement que par la couleur, une substance grasse, cireuse, dont une portion considérable est liquide à la température ordinaire et dont la partie solide présente, quand elle est seule, une résistance absolue à la pulvérisation impalpable. L'aspect même du mélange ne change que peu si on emploie 3 parties de plâtre et une partie d'huile lourde liquide.

La pratique courante de la pharmacie nous offre des exemples nombreux de substances ne pouvant être amenées à l'état de poudre fine qu'à l'aide d'un corps intermédiaire, d'un diviseur inerte ou actif; c'est ce qu'on appelle, dans ma profession, la pulvérisation *par intermède*. Il est fort probable que si j'avais été un chimiste pur, l'idée tirée des notions pharmocologiques de diviser la créozote dans du plâtre ne me serait pas venue.

Dans la suite de ce travail, je donnerai indistinctement au mélange de plâtre et d'huile lourde les noms de naphtaline plâtrée, de poudre créosotée, de plâtre phéniqué, de deuto-carbole plâtré.

Une désignation susceptible d'être facilement retenue et rapidement vulgarisée, à mon avis, serait celle de *plâtre carbole*.

Les personnes familiarisées avec la connaissance de la nature intime des corps ne verront dans le plâtre qu'un diviseur incapable de détruire, d'annihiler les propriétés spéciales du deuto-carbole. Il y a juxtaposition des deux corps, nullement combinaison dans le sens chimique du mot; la séparation des composants s'effectue nettement par la simple action de l'eau et suivant leurs aptitudes relatives à la dissolution. En effet, si on dépose une certaine quantité de naphtaline plâtrée sur un filtre en papier placé dans un entonnoir, et si on la lave avec de l'eau distillée, le liquide qui s'écoule se trouve naturellement chargé de plâtre, d'acide phénique et d'essences indéterminées ; en continuant les lavages à outrance, on arrive à dépouiller entièrement de sulfate de chaux le mélange primitif : il reste sur le filtre une poudre encore très odorante, inapte à se réunir en masse d'elle-même, et qui ne renferme plus un atome de plâtre. Dans le liquide écoulé, on isole aisément les produits phéniqués à l'aide de dissolvants appropriés, et finalement on reproduit sous sa forme naturelle le platre qui constituait un des éléments du mélange.

Le liquide chargé de plâtre et d'acide phénique est puissamment insecticide, même à un grand état de dilution.

Dans le fond d'un cylindre en fonte ayant un mètre de hauteur et vingt centimètres de diamètre, on a introduit une couche assez épaisse de sable fin reposant sur une forte toile; le tube a été rempli de terre désséchée de jardin jusqu'à une distance de vingt centimètres environ du bord supérieur ; 50 grammes de naphtaline plâtrée ont été distribués à la surface de la terre. L'appareil ainsi disposé reposait sur un grillage métallique placé au-dessus d'une cuve récipient. J'ai versé de l'eau, méthodiquement et par affusions successives de 2 litres à la fois, sur la poudre crésotée.

Le liquide qui s'écoulait a été recueilli à part par fractions divisionnaires de 10 litres.

Les premiers dix litres ont servi à arroser une auge en bois contenant 250 décimètres, soit 1/4 de mètre cube de terre, abondamment garni de lombrics terrestres (vers de terre). Deux heures après l'affusion, tous les annélides avaient péri.

Le liquide de la douzième opération, alors que 120 litres d'eau avaient déjà passé sur la poudre naphtalinée, possédait une action non douteuse vis-à-vis des lombrics. Ils n'étaient pas foudroyés comme dans le premier cas; ils résistaient un jour, deux jours, mais tous finissaient par succomber.

En réalité, l'action toxique du deuto-carbole plâtré est presque inépuisable, quand on a affaire aux derniers représentants des animaux articulés.

C'est là un fait, dira-t-on, produit dans les conditions spéciales de l'expérimentation de laboratoire, et qui peut laisser place au doute. Mais une observation qui n'en laisse pas, c'est celle qui a été faite par le régisseur de la propriété de M. Seignanx, à Baron. Sur le sol d'une vigne fortement phylloxérée, M. Seignanx fit répandre de la naphtaline plâtrée à raison d'un demi-kilog. par mètre carré. Une petite pluie étant survenue peu de jours après l'application de la poudre, un grand nombre de vers et d'insectes souterrains vinrent périr à sa surface. Le régisseur nous a montré un petit espace de 15 mètres carrés environ, où il avait compté les cadavres de cent lombrics.

La solution phéniquée plâtrée, la naphtaline plâtrée mélangées à la terre, agissent-elles de la même manière sur le Phylloxera, dont l'organisation est bien supérieure à celle des annelides ?

Des Phylloxeras attachés à des racines à l'état hibernant, c'est-à-dire dans la période d'inactivité où ils présentent le plus de résistance aux agents d'intoxication, ont rapidement péri dans de la terre de jardin qui avait été préalablement dessêchée, et à la suite convenablement humectée de solution phéniquée, pour lui redonner le degré ordinaire d'humidité de la terre arable. Des Phylloxeras extraits de la même souche se sont, au contraire, parfaitement conservés dans la même terre non préparée.

Pendant l'hibernation, l'insecte ne se déplace pas; il semble privé de vie; mais il suffit de le transporter dans un lieu chaud, pour le voir exécuter, sous le microscope, des mouvements de pattes d'une extrême lenteur. Avec un peu d'habitude, on parvient aisément à trouver des Phylloxeras maigres, très petits, qui hibernent sur les racines profondes.

J'ai fait mélanger soigneusement un mètre cube de terre avec un litre de plâtre créozoté. Dans ce mélange extrêmement odorant, j'ai placé des Phylloxeras hibernant. Le résultat a été le même que dans l'expérience précédente. Toutes les fois que le puceron sera en contact avec la substance phénique sous forme de poudre ou de dissolution, sa destruction sera assurée. Notons en passant que le deutocarbole plâtré possède une grande puissance insecticide, puisque la terre chargée de 1/4000me de créozote brute devient mortelle pour l'insecte résistant.

D'ailleurs, des expériences émanant des sources les plus diverses et les meilleures permettent de ne garder aucune incertitude sur l'action toxique du coaltar, et des produits de concentration du coaltar, vis-à-vis des animaux inférieurs et des insectes.

Pour ne pas étendre au-delà de raisonnables limites un mémoire déjà bien long, je ne reproduirai que les observations publiées par le Dr J. Lemaire, auteur d'importants travaux sur l'acide phénique ; elles renferment d'ailleurs, tout ce qui est utile à la démonstration de ma thèse.

Des expériences nombreuses et variées poursuivies pendant dix ans sur le coaltar et ses dérivés ont appris à M. Lemaire que de très petites quantités de ces substances suffisent pour faire mourir les microphytes et un grand nombre d'animaux appartenant aux rayonnés, aux insectes, aux mollusques et aux vertébrés ; elles ont de plus mis en évidence un fait important : c'est que les animaux inférieurs fuient les émanations de ces substances. M. Lemaire a employé avec un succès complet les émanations du coaltar, pour détruire l'*oïdium tuckeri* et l'*uredo candida.* Pour cela, il lui a suffi d'incorporer 3 pour 100 de coaltar à de la terre en poudre ou à du sable, et de répandre, sous les ceps et autour des plantes attaquées par l'*uredo,* une couche de deux centimètres de cette poudre. Les émanations du coaltar, se répandant naturellement dans la plante, ont fait rapidement mourir les microphytes.

Les plantes, sous cette influence, reprennent de la vigueur, et le raisin malade guérit. Une vingtaine de ceps traités de cette manière *ont fourni un excellent produit,* tandis que vingt autres existant non loin des premiers, et qui ont été abandonnés à eux-mêmes, ont eu leurs raisins complétement perdus.

Mille pieds de salsifis atteints par *l'urédo candida* ont été aussi complétement débarrassés de ce champignon à l'aide de ce moyen.

Cent cinquante pieds de verveine qui étaient couverts de pucerons, plus de deux cent cinquante pieds de choux de Bruxelles et de choux-fleurs, des planches entières de radis et des artichaux qui étaient dévorés principalement par l'altise en ont été complètement débarrassés. M. Paul Thénard a obtenu les mêmes résultats sur des champs de colza. Les escargots, les limaces, de nombreuses larves ou des insectes parfaits, les lombrics terrestres, ne s'approchent pas des végétaux tant qu'il existe autour d'eux une quantité suffisante des principes volatils du coaltar.

Tels sont les résultats véritablement importants que le Dr Jules Lemaire a pu obtenir avec une poudre coaltarée dont l'infériorité vis-à-vis de la naphtaline plâtrée est évidente. En raison de sa nature grasse et élastique, le coaltar qui forme la base de la composition de M. Lemaire ne se plie que très-difficilement à la division dans un excipient grossier comme la terre et nullement absorbant comme le sable : le coaltar contient dix fois moins d'acide phénique que l'huile lourde ; la terre coaltarée est dosée à 3 p. 100 seulement, et elle ne se prêterait pas à une distribution en couche mince et uniforme sur de grandes surfaces.

Le but du semis de plâtre créosoté étant de constituer, à la partie superficielle du sol, une couche toxique que le Phylloxera ne saurait traverser sans y trouver la mort, il importait tout d'abord de savoir si la poudre créosotée mise au contact de la terre conserverait pendant un temps suffisamment long ses propriétés insecticides. *A priori*, il n'était guère possible de prévoir une rapide destruction des éléments phéniqués au sein de la terre ; car c'est un fait de connaissance presque vulgaire que l'acide phénique et ses congénères sont éminemment propres à conserver les matières organiques, à prévenir les fermentations, par conséquent à rester eux-mêmes inaltérés au milieu des causes les plus puissantes de décomposition.

Toutefois, il fallait mettre le fait hors de doute.

Le 10 novembre 1873, on a mélangé aussi intimement que possible un mètre cube de terre de jardin avec un kilogramme de naphtaline plâtrée. On a immédiatement remis la terre ainsi préparée dans l'espace cubique (1 mètre dans tous les sens) dont elle avait été extraite. Depuis, elle a été constamment exposée à toutes les intempéries, dans un jardin largement aéré, à niveau de l'ancien chemin de Ronde, et élevé de 3 mètres environ au dessus de la chaussée du Cours des Flamands, à Libourne. Aujourd'hui, 25 janvier 1874, la partie la plus superficielle de cette terre, deux centimètres environ d'épaisseur, a notablement perdu de son odeur ; cependant les traitements chimiques y décèlent la présence d'une certaine proportion d'acide phénique et surtout de naphtaline. Si on enlève avec soin cette première et mince couche, l'odeur forte de l'huile lourde apparaît nettement. A partir de 5 à 6 centimètres jusqu' à un mètre de profondeur il n'est plus possible de saisir la moindre différence dans l'odeur qui est partout répandue fortement. Depuis sa préparation, cette terre a servi de tombeau à une multitude de lombrics, qu'on y a déposés vivants, à toutes les profondeurs et à diverses éqoques, et qu'on a constamment retrouvés morts peu de temps après. Desséchée à l'air libre, elle manifeste plus fortement son odeur qu'à l'état d'humidité ordinaire ; ce qui porte à croire que, pendant les chaleurs de l'été, la terre chargée de plâtre phéniqué répaudrait plus facilement autour d'elle des émanations funestes aux animaux inférieurs : par contre, elle s'épuiserait sans doute plus vite.

Dix ares de vigne phylloxérée chez M. Seignaux, à Baron, ont reçus un semis de plâtre phéniqué à raison de 500 grammes par mètre carré le 24 novembre 1873. Aujourd'hui, 25 janvier 1874, nous avons examiné de la terre prélevée à la surface jusqu'à 10 centimètres de profondeur : l'odeur est extrêmement forte et serait à coup sûr mortelle pour des insectes ou animaux inférieurs qui tenteraient de se frayer un passage à travers cette couche. A vingt centimètres de profondeur, l'odeur s'affaiblit notablement ; à 30 ou 35 centimètres, elle paraît nulle.

On le voit le principe toxique et les émanatious insecticides persistent fort longtemps, aussi bien à la surface du sol revêtu de deuto-carbole plâtré que dans les couches profondes, lorsqu'il y a eu mélange préalable.

Il reste à déduire de tous ces faits un mode d'emploi rationnel, permettant d'espérer quelque résultat dans la lutte entreprise contre l'ennemi le plus redoutable de l'agriculture, et le mieux protégé par la situation qu'il a prise.

L'esprit de la méthode nouvelle est général. Qu'il s'agisse de sauver une vigne malade ou de préserver une vigne saine, le moyen reste le même : constituer sur toute l'étendue du sol une couche toxique d'une certaine profondeur.

On peut prévoir seulement quelques différences dans les doses de naphtaline plâtrées à employer, dans l'époque d'emploi qui, suivant le but poursuivi, se renouvellera deux ou trois fois, au printemps, dans l'été ou au commencement de l'automne.

Et d'abord, si on veut essayer de détruire le Phylloxera dans les vignes ou il a hiberné, il faudra choisir l'époque de la première façon, laquelle se donne vers le commencement de mars. Il y aurait avantage à la reculer un peu, surtout si la température était froide.

A la fin de mars ou au commencement d'avril, comme l'a observé M. Max. Cornu, le Phylloxera, cessant d'hiberner, abandonne son enveloppe et se meut à la recherche de la nourriture qui lui convient ; mou, agile, actif, il ne tarde pas, après quelques pérégrinations, à se fixer sur une racine de vigne, où il pond des œufs dont sortent bientôt des petits à instincts aussi voyageurs que les premiers et aussi peu résistants. C'est le moment, pour le vigneron, d'entraver dans leur premier berceau les redoutables générations qui se préparent.

Après avoir déterminé le champ sur lequel il veut agir et qui devra être beaucoup plus large que le foyer reconnu dès l'année précédente, le propriétaire fera creuser autour de cet espace une petite tranchée aussi étroite que possible et de 60 centimètres à 1 mètre de profondeur. L'opération sera d'autant meilleure que la tranchée aura été faite plus profondément. On regarnira alors la tranchée avec de la terre mêlée à 1 à 2 millièmes de plâtre naphtaliné. Deux personnes agissant de concert opèrent très convenablement ce mélange : l'une disperse la poudre méthodiquement à la surface de la terre, tandis que l'autre ramène la terre par petites épaisseurs dans le fossé.

Un mètre de tranchée ayant 30 centimètres de largeur et 1 mètre de profondeur ne consomme pas plus de 300 grammes de poudre. 150 à 200 kilogrammes au plus de plâtre naphtaliné sont suffisants pour constituer une tranchée empoisonnée, une sorte de cordon sanitaire isolant un hectare de vigne.

Cette opération essentielle doit être rigoureusement surveillée.

Quand elle sera terminée, le propriétaire fera répandre sur la surface délimitée par les tranchées, à la volée et le plus régulièrement possible, du plâtre phéniqué, à raison de 250 grammes par mètre carré, soit 2,500 kilogrammes par hectare.

Ce travail est exécuté très aisément par les personnes les moins intelligentes.

On procède alors à la façon ordinaire.

Dans les contrées où la charrue passe deux fois le long de chaque rang de ceps, à droite et à gauche, et où la main de l'homme déchaussant les pieds de vigne réunit la terre qui provient de ce déchaussage (le *Cavaillon*) à la raie cenrale, *billon* ou *rège*, les rangs de vigne se trouvent ainsi placés à la première façon dans le milieu des sillons ou *fonds* et sur de longues lignes parallèles.

Il est facile de comprendre que la plus grande partie de la poudre dispersée à la surface du sol se trouve, après la façon, accumulée dans le billon.

La façon donnée, il ne reste plus qu'à distribuer de nouveau 250 grammes de naphtaline plâtrée par mètre carré, soit 2,500 kilog. par hectare, en prenant soin de jeter surtout la poudre dans le rang, c'est-à-dire dans la portion de terre mise à découvert par le travail de l'homme et de la charrue.

Assurément, si l'on se reportait aux opérations délicates du laboratoire, on pourrait croire que le mélange de terre et de naphtaline plâtrée est bien imparfait dans le billon. Cependant, on est tout surpris à l'expérience de voir la distribution s'opérer aussi régulièrement, surtout quand on a affaire à un terrain suffisamment meuble. Le rang lui-même est imprégné de l'odeur phénique dans toutes ses parties superficielles, avant la deuxième application de la poudre.

Dans un terrain argilo-siliceux mêlé de cailloux roulés appartenant à M. L. Giraud, et situé près de l'église de Pomerol, nous avons fait pratiquer le 22 janvier 1874 l'opération ci-dessus décrite et sur une surface de 400 mètres. La façon donnée, et avant la dispersion des deuxièmes 250 grammes, aucun des assistants, au nombre de huit, n'a pu réussir à trouver une seule poignée de terre qui n'exhalât l'odeur forte de l'huile lourde de gaz, soit dans les couches profondes et superficielles du billon, soit à la surface du sillon.

L'opération de la dispersion de la poudre n'entraînant aucune dépense sensible, il conviendra toujours de fractionner la dose en deux parties. En distribuant la deuxième partie, c'est-à-dire après la façon, l'ouvrier, arrivant auprès de chaque pied de vigne, doit prendre soin d'en laisser tomber perpendiculairement une certaine quantité qui s'attache plus spécialement au collet de la racine et au terrain l'avoisinant.

On obtient ainsi une imprégnation régulière de toutes les parties du sol. Dans la rège, elle existe par le fait même du travail de la charrue et de la bêche; dans le sillon, elle se fera jusqu'à une certaine profondeur par entraînement à l'aide des eaux pluviales et par suite de la tendance qu'ont les produits phéniqués à entrer en dissolution dans l'humidité normale du sol. Nous avons vu en effet que chez M. Seignanx, à Baron, la terre était encore fortement odorante au bout de deux mois à 15 centimètres de profondeur, bien qu'on se fût borné à répandre la poudre à la surface.

On pardonnera les imperfections de cette description à un auteur qui, pour la première fois de sa vie, est obligé de traduire les opérations agricoles dans le langage écrit. Je suis d'ailleurs sans inquiétude ; le lecteur aura de lui-même suppléé à tous les défauts de l'exposition.

De quoi s'agit-il, au demeurant ? de recouvrir le sol, avant la façon, d'une première robe de plâtre phéniqué, et, la façon donnée, de jeter la poudre réservée sur les parties profondes mises à nu par le travail. Quels que soient les usages locaux de culture et de mode de plantation, l'application reste toujours facile. Il n'y a pas un agriculteur qui puisse être embarrassé.

Ce qui précède ne s'applique qu'aux vignes travaillées à la charrue. Pour les vignes travaillées à la bêche, la dose de 500 grammes par mètre carré devra être répandue en une seule fois avant la façon.

Dans la commune d'Arveyres, chez M. Magondeaux, dans une terre d'alluvion argileuse et légèrement siliceuse, et avec un mode de plantation fort différent de celui qui est en usage à Pomerol, nous avons obtenu un résultat très satisfaisant de dissémination de la poudre, malgré des circonstances climatériques antérieures fort peu favorables au travail.

Dans l'un comme dans l'autre cas, j'ai fait employer 5,000 kilogrammes de plâtre naphtaliné par hectare. Les agriculteurs devront juger eux-mêmes, d'après des conceptions théoriques et pratiques, si cette dose ne gagnerait pas à être employée en deux fois, à un mois et demi ou deux mois d'intervalle : 2,500 kilogrammes à la première façon, et 2,500 kilogrammes à la deuxième.

Un pareil partage semble logique. La quantité d'huile lourde (625 kilog.) contenue dans 2,500 kilogrammes de poudre naphtalinée est suffisante pour détruire un grand nombre d'insectes au premier printemps ; mais, à coup sûr, tous ne périront pas à la suite de ce premier traitement. Un mois et demi ou deux mois après, des générations issues d'individus ayant échappé à la mort pourraient venir s'établir sur les racines les plus superficielles, et peut-être traverser une couche toxique épuisée. D'après ce que nous savons, les émigrations de dedans en dehors s'effectuent dès le commencement de juin. Le renouvellement de la couche toxique un peu avant cette époque préviendrait cet effet.

La grande permanence des principes phéniqués dans le sol étant démontrée, et la facilité de les mélanger avec toutes les parties superficielles de la terre ne faisant plus doute, sans qu'il soit nécessaire d'introduire le moindre changement dans les pratiques agricoles, rien ne paraît moins téméraire que de compter désormais sur leur efficacité.

Certes, il serait imprudent d'espérer que, dès le mois de mai ou de juin, de suite après une première ou une deuxième application, il ne restera pas un seul Phylloxera vivant dans la partie de vigne traitée. La méthode n'a pas la prétention d'obtenir d'emblée des effets aussi radicaux ;

elle vise simplement à cerner de toutes parts l'insecte, latéralement à l'aide de tranchées empoisonnées, et superficiellement par une couche également toxique. Que deviendra le Phylloxera relégué dans les profondeurs du sol ? Il obéira à loi de la multiplication tant que la nourriture ne lui fera pas défaut ; mais dès que des populations pressées les unes contre les autres ne pourront ni émigrer par des voies praticables, ni trouver à vivre dans un terrain épuisé, elles périront en masse. Que la colonie soit impuissante à sortir du cercle tracé autour d'elle, et son extinction graduelle est assurée.

Voilà ce qui se passera si le système réalise les espérances qu'on est en droit d'en attendre.

Tout porte à admettre qu'on pourra également préserver de la contagion les vignes saines, en déposant à leur surface une couche de plâtre créosoté. La formation de nouveaux foyers n'ayant jamais lieu avant lemois de juin, l'insecte migrateur ailé ou aptère ne commençant à se montrer à la surface du sol qu'à cette époque, toute tentative de préservation serait prématurée au printemps. C'est au commencement et à la fin de l'été que le traitement préventif est indiqué.

La proportion de poudre à employer dans ce cas peut et doit être réduite de moitié. 1,250 kilogrammes par hectare en une double opération forment une couverture empoisonnée suffisante pour arrêter les Phylloxeras qui tenteraient de s'y frayer un passage. D'ailleurs, ils n'approcheraient pas d'un lieu aussi infesté. Les insectes sont bien loin d'avoir l'étourderie et le manque de prévoyance qu'on leur suppose ; en général, ils se gardent bien de s'établir ou de déposer leurs œufs dans des terres où l'avenir de leur progéniture serait compromis. D'après bon nombre d'observateurs, l'organe de la vue n'existe, chez la plupart des Phylloxeras, qu'à l'état tout à fait rudimentaire ; c'est surtout par l'odorat qu'ils se dirigent et qu'ils arrivent à trouver le végétal et la partie de végétal nécessaire à leur nourriture. On conçoit dès lors combien cette faculté serait gênée, pervertie par de fortes émanations provenant du sol tout entier d'une vigne.

La préservation des vignes saines placées en dehors des

foyers d'infection me semble assurée par le semis de naphtaline plâtrée.

Il reste à aller au-devant de quelques objections. Ne doit-on pas redouter l'introduction dans le sol de quantités considérables d'huile lourde ? Cette substance n'est-elle pas de nature à entraver les phénomènes d'oxydation et de réduction qui s'accomplissent incessamment dans le sein de la terre, et, par suite, la constitution chimique nécessaire au développement de la plante ne sera-t-elle pas sérieusement atteinte ? Enfin, quel goût prendra le raisin au milieu d'une atmosphère phéniquée ?

Nous avons déjà vu que, pour détruire l'oïdium M. Jules Lemaire avait entouré à plusieurs reprises ses pieds de vigne d'une couche de terre coaltarée ayant 2 centimètres d'épaisseur ; sous l'influence de ce traitement, la plante avait repris de la vigueur, et le raisin malade avait guéri. L'observateur ajoute qu'à l'époque de la maturité, il obtint un fruit excellent. Le cas de M. Lemaire répond à toutes les objections.

Le coaltar et ses dérivés ont été appliqués depuis plusieurs années au traitement de la maladie nouvelle ; il y a eu des succès partiels qui ont été confondus avec des succès définitifs. Jusqu'ici, personne n'a remarqué que ces substances aient exercé une influence, si ce n'est bienfaisante, sur les phénomènes de la végétation, ou qu'elles aient altéré le goût du raisin.

Si les produits retirés du goudron de houille devaient nuire à l'acte de la végétation, cette influence pernicieuse se ferait immédiatement sentir sur les plantes annuelles ou bisannuelles. Or, nous possédons de nombreuses preuves de la parfaite indifférence des plantes herbacées au voisinage des matières coaltarées. Des planches de radis, de salsifis, de salades, des champs immenses de choux, de navets, de colza, etc., ont pu être recouverts de naphtaline plus ou moins broyée ; cette même substance ou ses congénères ont été enfouis dans le sol, siége des cultures les plus variées. Les plantes n'en ont éprouvé aucun dommage ; débarrassées au contraire des insectes et des cryptogames qui les dévoraient, elles ont repris une vigueur que certains observateurs n'hésitent pas à qualifier de surprenante.

Les anciens, qui avaient eu à supporter comme nous des épidémies végétales, considéraient comme propre à servir d'amendement pour les terres à vigne et à détruire les insectes qui rongent cet arbuste l'*Ampelite*, qu'on nommait aussi terre de vigne.

L'ampélite, dont l'étymologie est αμπελος, vigne (ce qui précise ses usages spéciaux), est une roche anthraciteuse, à texture schisteuse, de couleur noir-grisâtre, avec laquelle on fait les crayons dits de pierre noire et, appelés aussi *crayons de charpentier*. « Mise en tas, dit un vieil au-
» teur, elle se décompose, devient plus friable, entre en une
» certaine poussière et est propre alors à être repandue dans
» les vignes dont elle fait périr les vers par son odeur sul-
» fureuse et bitumineuse. »

Or, la ressemblance est grande entre l'huile de naphte que contiennent les schistes, et la naphtaline qui vient du goudron de houille. En allant au fond des choses, on voit que les anciens ont semé dans leur vignes de la naphtaline sous les apparences de l'*ampélite*.

Le rôle du plâtre, qui entre pour une part si considérable dans la composition de la poudre créosotée, doit être discuté.

Tout le monde sait que le plâtre employé comme amendement produit des effets très favorables à certaines cultures, particulièrement à celle des plantes fourragères ; il réussit bien sur les légumineuses et n'exerce aucune action sur les céréales. Jusqu'ici, ce résultat singulier était resté sans explication bien nette. Si je rappelle les expériences et les faits qui ont permis récemment à M. Deherain de présenter une théorie rationnelle de l'emploi du plâtre dans l'agriculture, c'est parce qu'on trouvera dans cet exposé les motifs qui m'ont fait préférer le plâtre à tout autre diviseur de la naphtaline.

A première impression, on est tenté de croire que les plantes qui bénéficient de l'emploi du plâtre absorbent ce sel en nature. Davy admettait que le plâtre est indispensable à la formation des tissus, comme le sont les phosphates à la formation des matières albuminoïdes. Cette hypothèse est renversée par les faits. Après M. Boussingault, M. Deherain, le savant professeur de chimie à l'Ecole d'agriculture de Grignon, a reconnu que le plâtre, composé calcaire, n'est pas absorbé en nature, qu'il ne sert pas directement d'aliment à la plante.

Il ne favorise pas davantage la nitrification ; mais, phénomène extraordinaire, il mobilise la potasse et l'ammoniaque dans la terre arable.

Pour être bien compris de tous, ceci demande une explication.

L'analyse des eaux de drainage montre que la potasse et l'ammoniaque, contenues normalement dans le sol à l'état de carbonate, sont retenues en très grande partie dans les couches superficielles de la terre arable, et qu'elles arrivent difficilement en dissolution jusque dans les couches profondes. Vient-on à ajouter au sol du plâtre *(sulfate de chaux)*, il se forme du carbonate de chaux et des sulfates de potasse et d'ammoniaque. Ces derniers corps, les sulfates, passent beaucoup plus facilement au travers de la terre; leur diffusion s'opère régulièrement; l'examen des eaux de drainage fait voir que la potasse et l'ammoniaque, sous l'influence du plâtrage, ont acquis une mobilité qu'elles n'avaient pas auparavant.

Le plâtre a donc sur la terre arable une action tout à fait déterminée, tout à fait spéciale : il fait passer la potasse et l'ammoniaque de la couche superficielle, où elles sont habituellement retenues, dans les couches profondes.

Tant qu'on cultive des plantes comme les céréales, dont les racines restent dans les couches superficielles du sol, il importe peu que la potasse et l'ammoniaque soient retenues dans ces couches superficielles par les propriétés absorbantes de la terre. Mais on comprend qu'il n'en soit plus ainsi pour les légumineuses par exemple, dont les racines s'enfoncent très profondément.

Ces faits expliquent de la manière la plus satisfaisante comment le plâtre favorise la végétation des plantes à racines profondes, tandis qu'il n'exerce aucune action sur les plantes dont les racines s'arrêtent dans les couches supérieures du sol.

On aperçoit déjà l'application de cette théorie à notre sujet.

Certes, s'il est une plante qui ait besoin de potasse, c'est bien la vigne. Elle en exporte des quantités énormes, par les sarments surtout, et la culture ne lui en restitue guère ; ses racines profondes devraient se trouver en contact avec une provision sans cesse renouvelée de potasse, et nous venons de voir que la potasse, telle qu'elle existe normalement dans le sol, ne franchit guère les couches superficielles. Pour pénétrer en masse dans les couches profondes, elle a besoin de se métamorphoser de carbonate en sulfate. Cet effet s'obtient par le plâtrage.

Singulière coïncidence, qui pourrait fournir un argument aux défenseurs de la théorie botanique ! le Phylloxera épargne ou n'attaque que très tardivement les terrains sablonneux. Or, en vertu de leur perméabilité, les terrains sablonneux. ne retiennent pas les principes des engrais dans les couches superficielles. Telle plante ayant besoin de potasse qui végèterait sans plâtrage dans un sol argileux, argilo-calcaire, prospérera dans un sol sablonneux.

D'autres arguments peuvent servir à justifier le choix du plâtre comme diviseur de la naphtaline.

Le soufre ne détruit pas seulement l'oïdium ; son usage présente encore un autre avantage : il est un véritable engrais pour le vigne. Or, il se trouve que les sulfates de chaux, de potasse et d'ammoniaque, que le plâtrage a fait descendre dans les couches profondes, peuvent être réduits et transformés en carbonates avec élimination de soufre. Cet effet se produit par le contact des sulfates avec les matières organiqnes existant dans le sol arable à une grande profondeur.

On pourrait presque dire que le plâtrage institue une véritable usine souterraine à fabrication de soufre. Et ce ne sont pas là de gratuites hypothèses ; M. Paul Thénard plâtre ses fumiers et au bout d'un certain temps il y trouve du soufre cristallisé ; l'humus, les matières organiques finissent toujours par ramener les sulfates à l'élément, le soufre.

Mais avant de se transformer en soufre qui n'est pas insecticide au sens propre du mot, les sulfates passent par un état intermédiaire, l'état de sulfure, et c'est fort heureux;

car les sulfures de potassium et de calcium, puissants engrais, sont de véritables poisons pour les animaux inférieurs. Les phénomènes chimiques déterminés par le plâtre rendent compte de la disparition d'un grand nombre d'insectes dans les terres où il a été répandu.

Evidemment, ce serait exagérer la démonstration que de compter beaucoup sur l'action toxique des sulfates devenus sulfures dans les profondeurs du sol. Toutefois, cet appoint peut bien n'être pas négligeable : il suffirait même à lui seul à justifier le choix du plâtre comme excipient de la naphtaline.

Le plâtrage à forte dose n'a pas seulement pour effet, comme l'enseigne M. Dehérain, de mobiliser la potasse et l'ammoniaque. Par la grande quantité de carbonate de chaux auquel il donne naissance, le plâtre favorise en outre la solubilité des phosphates contenus dans la terre à l'état insoluble de phosphates de sesquioxyde de fer ou d'alumine.

En résumé, quand on examine le role du plâtre dans la dispersion de la poudre naphtalinée, on reconnaît qu'il présente deux grands avantages ; le premier est d'utiliser, de rendre assimilables deux éléments enfouis dans le sol, la potasse et l'acide phosphorique qui jusqu'ici ont trop manqué sans doute aux racines de la vigne ; le second est de donner naissance à des insecticide, les sulfures, que le jeu des décompositions naturelles fait parvenir jusqu'aux dernières ramifications des racines.

Seulement, il ne faut pas l'oublier, le plâtre, comme la chaux ou la marne, n'est pas un véritable engrais par lui-même ; il ne fait qu'utiliser l'engrais enfoui dans le sol. En rendant cet engrais immédiatement asssimilable, il tend à épuiser une réserve jusque là inactive, mais qu'il faut remplacer au fur et à mesure qu'elle entre en ligne. Par suite, la vigne devra recevoir des fumures renouvellées plus souvent, pour compenser par des équivalents organiques et minéraux l'action assimilatrice de l'amendement calcaire. Que dans ce moment, ou il s'agit avant tout de sauver la vigne en tuant l'insecte si l'on peut, en nourrissant la plante par tous les moyens, que dans ce moment on n'hésite pas à user de la réserve accumulée dans le sein de la terre, rien ne paraît plus légitime. Mais il compromettrait l'avenir de ses récoltes celui qui ne restituerait pas plus tard et largement au sol des emprunts faits à une époque critique et dans un intérêt pressant.

Arrivé au terme de ce travail, je tiens à déclarer que j'ai rencontré le concours le plus empressé et souvent la collaboration la plus active dans MM. Blithe et Faucher, préparateurs de bois de chemin de fer rendus inaltérables par la crèosote brute. Grâce à leurs connaissances spéciales, j'ai pu surtout me convaincre que l'industrie se mettrait vite en mesure de livrer à l'agriculture la naphtaline plâtrée. Si ce produit entre dans la grande consommation, son prix ne dépassera pas, je pense, huit francs les 100 kilog. Eu égard aux quantités importantes qu'il faudra employer par hectare, la dépense sera encore assez élevée ; mais il ne faut pas perdre de vue qu'elle porte en grande partie sur le plâtre même dont la valeur propre est considérable comme amendement.

La grande pratique confirmera-t-elle les données théoriques et expérimentales qui font la base de ce mémoire ? Il est permis de l'espérer, nullement de l'affirmer. Conçu à un moment où il n'était plus possible de le soumettre aux épreuves de l'expérimentation agricole, le système de l'empoisonnement de la surface tout entière du sol n'est présenté que comme un plan de défense. Il est logique, on n'en disconviendra pas, je crois; il a été préparé par quelques expériences encourageantes, cela n'est pas douteux non plus; en dehors de la submersion des vignobles, efficace, mais impraticable si souvent, il n'est inférieur à aucun des moyens préventifs et curatifs que tant d'hommes dévoués au bien public ont recherchés aves la plus louable passion. Voilà des motifs suffisants de l'adopter pour un grand nombre de viticulteurs qui ne s'abandonnent pas au plus coupable découragement.

Que cette méthode qui a pour but l'empoisonnement de toute la couche superficielle du sol et pour moyen la dispersion à la volée d'une poudre insecticide, que cette méthode soit modifiée, perfectionnée, rendue plus économique, on peut le prévoir ; et il faudra applaudir à tout effort dans ce sens. Il n'est défendu à personne de rechercher un insecticide plus énergique et plus durable et en même temps aussi inoffensif pour la plante que l'huile lourde de gaz ; qu'on trouve un diviseur moins couteux que le plâtre et tout aussi actif, rien de mieux. Et déjà, ne peut on pas imaginer des terres coaltarées on créosotées, des vases desséchées a base de naphtaline, du sable mélangé à un poison quelconque, des marnes, de la chaux, des phosphates fossiles, de l'azotate du Chili, etc., associés à un toxique résistant ? Un commentateur judicieux trouvera aisément des mélanges s'adaptant bien à la culture de son vignoble. Ces changemetns de composants, de doses, d'époque d'emploi, etc., n'altéreront pas l'esprit de la méthode. Qu'elle soit bonne en principe, voilà l'essentiel.

Je crois cependant qu'on aurait tort d'éliminer complétement le plâtre ; il me paraîtrait imprudent d'effacer entièrement le rôle qu'il doit remplir comme insecticide auxiliaire et comme excitant de la nutrition souterraine. Ayons toujours devant les yeux le vigoureux tableau tracé par M. Max. Cornu : *sous l'influence des nodosités produites par les piqures du Phylloxera, la vigne meurt de faim.*

La lecture terminée est couverte d'applaudissements par l'Assemblée tout entière. M. le Président a remercié M. Falières en termes chaleureux, et il a proposé de faire imprimer son travail aux frais du Comice. Une immense acclamation a accueilli cette proposition.

Certifié conforme au Registre des délibérations de l'Assemblée.

Le Secrétaire général,
PAUL BOISARD.

Le Président,
DUCARPE Jr.

Bordeaux. — Imprimerie Nouvelle A. BELLIER, rue Cabirol, 16.

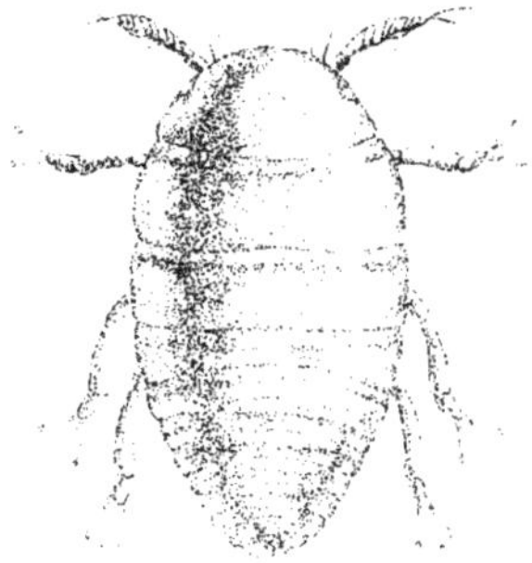

Phylloxera aptère jeune vu en dessus.

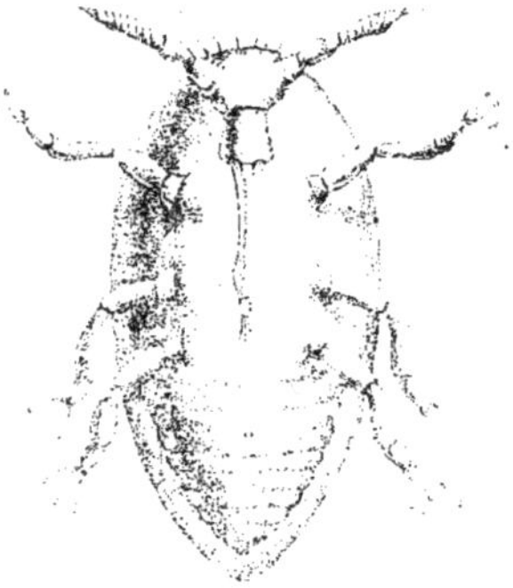

Phylloxera aptère jeune vu en dessous.

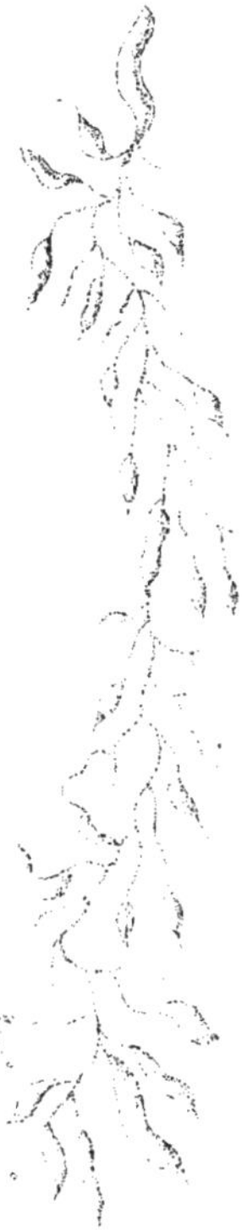

Radicelles malades avec nodosités.

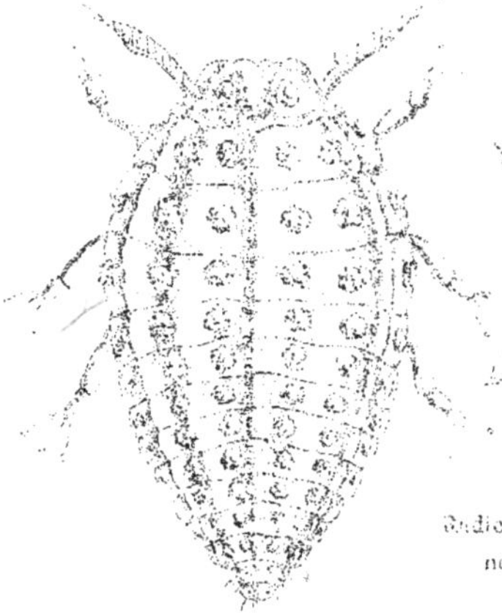

Femelle aptère et ovipare, adulte.

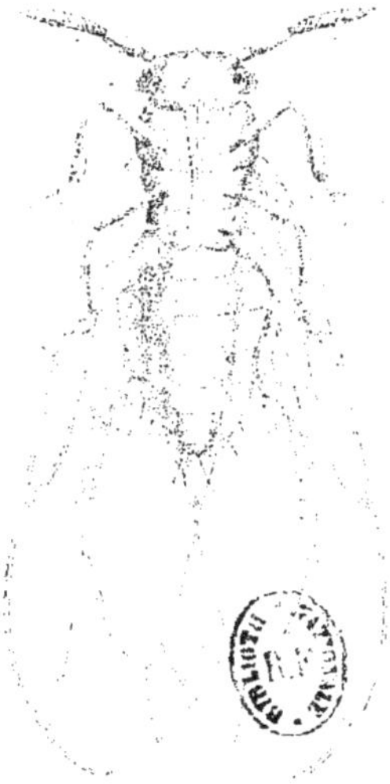

Insecte ailé.

Maladie de la Vigne
Phylloxera vastatrix

www.ingramcontent.com/pod-product-compliance
Lightning Source LLC
LaVergne TN
LVHW011953160826
845678LV00002B/519

9782329683645